秒懂未来科技

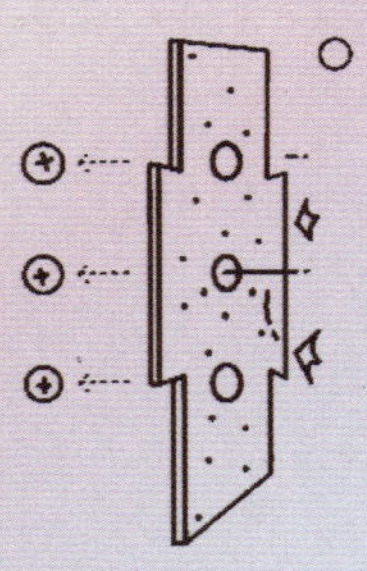

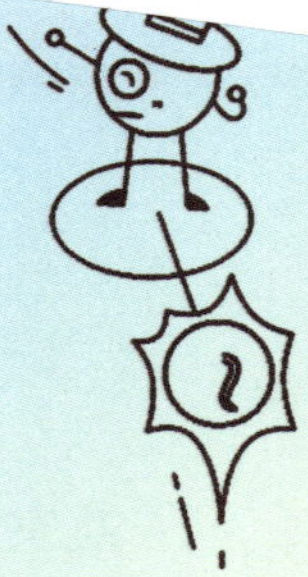

神秘的量子力学

图蓝 赛启团队◎编著

航空工业出版社
北京

内容提要

《秒懂未来科技》是一套专为孩子们设计的科普读物，它用漫画的形式，将复杂的前沿科技知识生动地呈现出来。这套书致力于向孩子们展示前沿科技的无穷魅力，激发他们对科技的好奇心。通过深入浅出的讲解，让孩子们了解每个科技领域的独特之处，从而点燃他们对科技的热情，启迪他们的梦想。

图书在版编目（CIP）数据

神秘的量子力学 / 图蓝，赛启团队编著. -- 北京 : 航空工业出版社，2024.4（2024.7 重印）
（秒懂未来科技）
ISBN 978-7-5165-3710-7

Ⅰ. ①神… Ⅱ. ①图… ②赛… Ⅲ. ①量子力学－青少年读物 Ⅳ. ① O413.1-49

中国国家版本馆 CIP 数据核字（2024）第 060217 号

秒懂未来科技·神秘的量子力学
Miaodong Weilaikeji.Shenmide Liangzilixue

航空工业出版社出版发行
（北京市朝阳区京顺路 5 号曙光大厦 C 座四层　100028）
发行部电话：010-85672688　010-85672689

艺堂印刷（天津）有限公司印刷　全国各地新华书店经售
2024 年 4 月第 1 版　2024 年 7 月第 3 次印刷
开本：787×1092　1/16　字数：25 千字
印张：3　定价：168.00 元（全 6 册）

亲爱的小读者：

欢迎来到量子力学的神秘世界！

作为20世纪物理学的重大发现，以及当前最炙手可热的前沿科技之一，量子力学已经与我们的生活形影不离，甚至就隐藏在我们身边的一切物质之中！在这个奇妙的科学领域里，微小的粒子像是诡异莫测的精灵：它们可以同时拥有两种身份，可以同时出现在多个地方，既“互不侵犯”维持着一定的秩序，又能以一种叫作“量子纠缠”的方式互相影响……量子科技在芯片、激光、原子钟等科技产品中的广泛应用，已经改变了我们的生活，它还将在量子计算机及量子通讯等领域改变我们的未来！

除了揭示“神秘的量子力学”外，《秒懂未来科技》丛书还介绍了其他五个有趣的前沿科技领域。通过生动形象的插图和富有启发性的文字，这套丛书将带你深入了解智慧过人的人工智能，展望机器人的未来发展，体验元宇宙的神奇魅力，揭秘生命科学的无限可能，以及探索星际旅行的广阔前景。

亲爱的小读者，《秒懂未来科技》丛书是一套为孩子们精心打造的高品质科普读物，由多位科学家及学者组成的“赛启团队”共同创作。我们希望这套科普读物不仅能够解答你对未来科技的好奇和疑惑，还能激发你的探索欲望，让你在轻松愉快的阅读中，体验秒懂未来科技的乐趣。

愿你在书香中感受科技的魅力，点燃学习的激情，探寻无尽的奇迹！

祝阅读愉快！

赛启团队

2023 年 12 月

目录

小朋友早晨被闹铃叫醒，只要不赖床，就不用担心上学会迟到。因为时间总是连续的，不会突然跳过去 5 分钟，或者 10 分钟。
起床啦，起床啦！
爸爸妈妈送我们上学，闭着眼睛不用猜，我们都知道肯定要经过学校门前的路口，因为路线总是连续的，不会突然消失一小段。
学校
嘿……宝宝天天见！
小朋友给自己的水壶加水，水位线总是连续地上涨，一点点地升起，不会跳过任何一个刻度。

还有学校门前的花朵，也是一点点长大、绽放……
小朋友，快来找一找、想一想，有没有不是这样的呢？
我们身边随着时间的推移而发生变化的过程都是这样的吗？
这些人为的或自然的过程，是不是都有一个共同的规律呢？对啦，就是连续的、不间断的！
在人们看得到的世界（宏观世界）里，“连续的、不间断的”是一条非常重要的自然规律。在此基础上，包括牛顿在内的科学家们建立起的物理学，几乎能解释地球上甚至宇宙中绝大部分宏观世界的运行规律。

然而，有一位叫普朗克的科学家却遇到了困难。他在研究能量传输的过程中，开始也认为能量是进行“连续的、不间断的”传输，可是计算结果与实验数据怎么也对不上。

直到 1900 年，他不得不小心翼翼地提出了一个大胆地设想：假设能量在发射和吸收的时候，不是连续不断的，而是分成一份一份的。他把不连续的、一份一份传输的能量的最小单位称为“量子”。于是量子被发现啦！
1 分
1 分
1 分
1 分
任何能量的传输，都只能以这个最小单位——量子的整数倍来传输，比量子还小的能量状态是不存在的。量子就好比是我们储钱罐里的 1 分钱，不能再小了。

如果小朋友们玩过沙漏，我们用沙漏来比喻，就更不难理解了。能量好比是沙漏里面的沙子，每粒沙子好比是一个量子。它要从上面传递到下面，看上去是不间断地流淌下来的，流淌的其实是一粒一粒的量子，不论流下来多少，都是量子的整数倍，不存在半粒或者 1/4 粒的量子。

1905 年，大科学家爱因斯坦发表论文，
给出了光电效应的解释。
光电效应方程

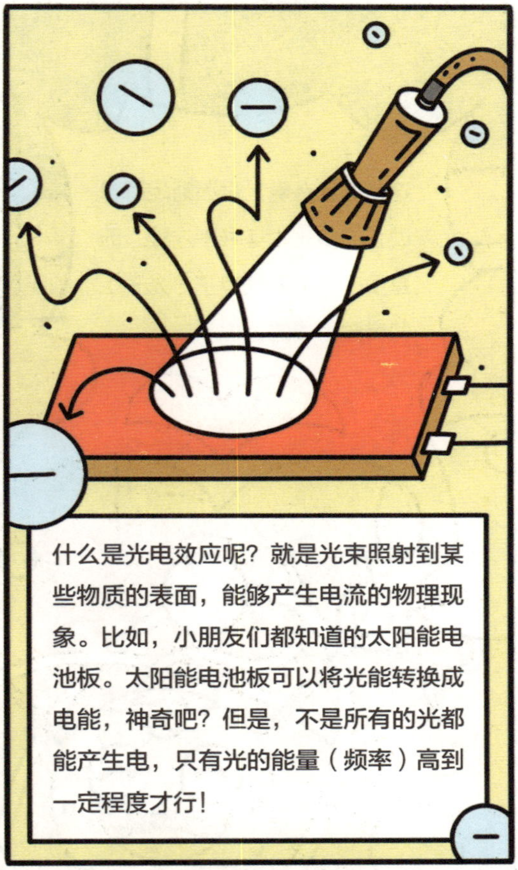
什么是光电效应呢？就是光束照射到某些物质的表面，能够产生电流的物理现象。比如，小朋友们都知道的太阳能电池板。太阳能电池板可以将光能转换成电能，神奇吧？但是，不是所有的光都能产生电，只有光的能量（频率）高到一定程度才行！

这就好比再多的雨滴也不会击穿任何一片娇嫩的菜叶，而一阵冰雹过后，这个菜园就会千疮百孔！

这是为什么呢？爱因斯坦解释说，原来光本身并不连续，而是由一个个叫光量子（光子）的微粒组成的。
光子的能量并非均匀分布。光子能量的大小，和其所组成的光的频率有关。这个突破性的理论不但能够解释光电效应，也推动了量子力学的诞生。于是，量子理论开始逐渐被科学家们所接受。

普朗克和爱因斯坦并称为20世纪最重要的两大
物理学家，他们先后“发现”了量子。其实量子
特别微小，是不可能被直接看见的。准确地说，
他们是间接推测出了量子的存在。
科学家们将看不见的物质世界称为“微观世界”；
与之相反，看得见的物质世界则被叫作“宏观
世界”。以牛顿为首的一大批物理学家们用了
200多年的时间，总结出了一套解释“宏观世界”
运行规律的物理学理论。而量子理论则是在“微
观世界”被发现的，难道“微观世界”真的是
另一个世界吗？

人们一直认为“微观世界”止于原子。原子的英文名（Atom）是从希腊语转化而来的，是“不可切分的”意思。很早以前，希腊和印度的哲学家就提出了原子不可切分的概念。由于原子实在太小，摸不着也看不见，因此长久以来都被认为是自然界中最小的粒子，也是构成物质的基本单位。

直到 1897 年，英国物理学家汤姆孙在实验中观察到，一种带电的粒子能在电场中稳定地偏转。

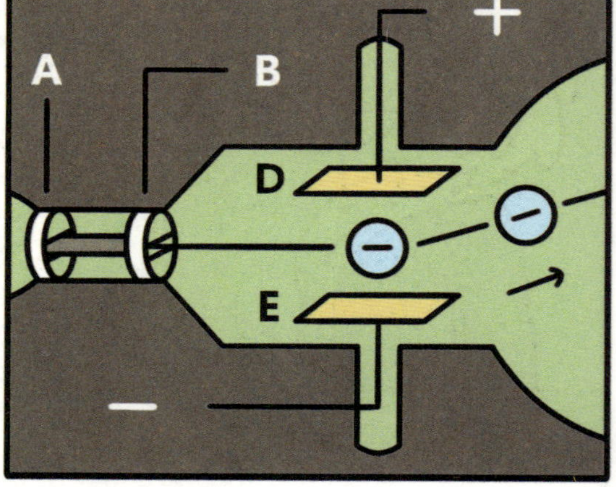

汤姆孙测定了这种粒子所带的电量，发现它与氢离子的带电量相同，但是是负的，与电流中的粒子也是相同的。这些事实证明，它们是同一种粒子，并且普遍存在于电流中——“电子”被发现啦！电子是人类发现的第一个基本粒子。它是原子的基本组成部分。它的发现，打破了长期以来原子不能被分割的认知。

时隔不久，另一位英国物理学家卢瑟福发现了一个惊人的事实，原子内部竟然空空荡荡。这再次与我们的认知大相径庭！因为在此之前，一切物质都是由原子构成的，这已经是确定无疑的事实了。既然课桌不会塌陷，石头坚硬无比，那么构成这些材料的原子就该实实在在才对啊！

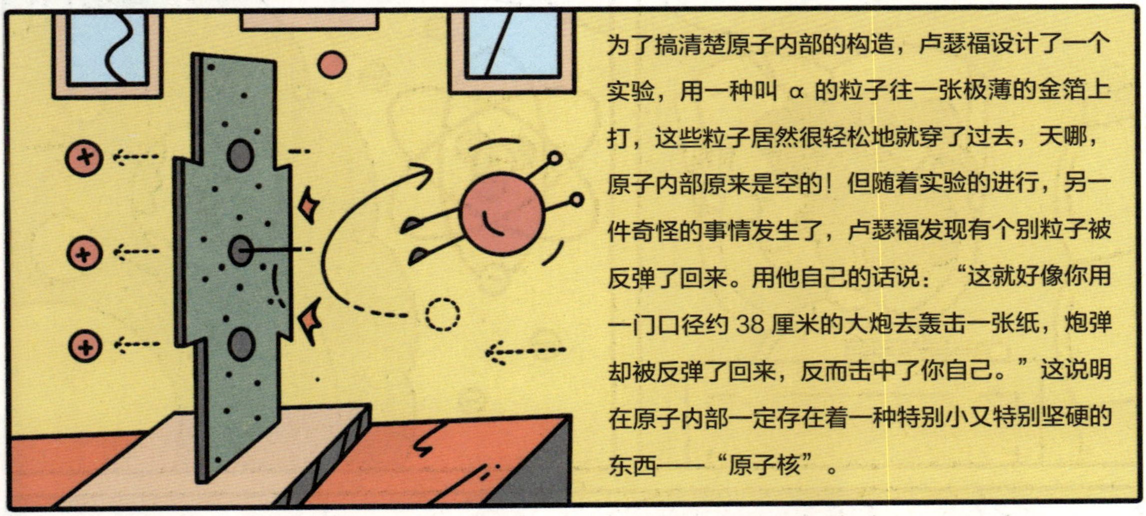
为了搞清楚原子内部的构造，卢瑟福设计了一个实验，用一种叫 α 的粒子往一张极薄的金箔上打，这些粒子居然很轻松地就穿了过去，天哪，原子内部原来是空的！但随着实验的进行，另一件奇怪的事情发生了，卢瑟福发现有个别粒子被反弹了回来。用他自己的话说：“这就好像你用一门口径约 38 厘米的大炮去轰击一张纸，炮弹却被反弹了回来，反而击中了你自己。”这说明在原子内部一定存在着一种特别小又特别坚硬的东西——“原子核”。

这个原子核小到什么程度呢？它占据的地方只有不到原子半径的万分之一。假如把原子放大到一间教室的大小，那么原子核只是悬在教室当中的一粒芝麻！

原来很多物质好像很密实，中间没有任何缝隙，但其内部大部分区域都是空的。小朋友肯定要问了，一个大部分是空隙的物体如何保持稳定呢？不会突然膨胀或塌掉吗？这就是量子力学的神奇之处了，小朋友，试着自己在本书中找到答案吧。
找答案……
?

“原子的中心有一个极小的带正电的原子核，核外围绕着带负电的电子……”小朋友们，你们的脑海里是不是立即就会出现一幅熟悉的画面？原子的构造很像行星围绕太阳运转的太阳系。
!!!

假如卢瑟福在发现原子核之后，原子的模型就能按照微缩版的太阳系确定下来，那么接下来的科学家们就可以睡大觉了。
简单
Z Z

然而，科学家们很快就发现，带负电的电子绕着带正电的原子核运转，这个体系是很不稳定的。因为正负电荷是相互吸引的，带负电的电子一眨眼的工夫就会“坠毁”在带正电的原子核上！原子自身也会因失去电子而立即毁灭，没有了原子，整个地球甚至宇宙还能存在吗？这简直太可怕啦！而事实并非如此，这说明原子的模型并非如此简单。

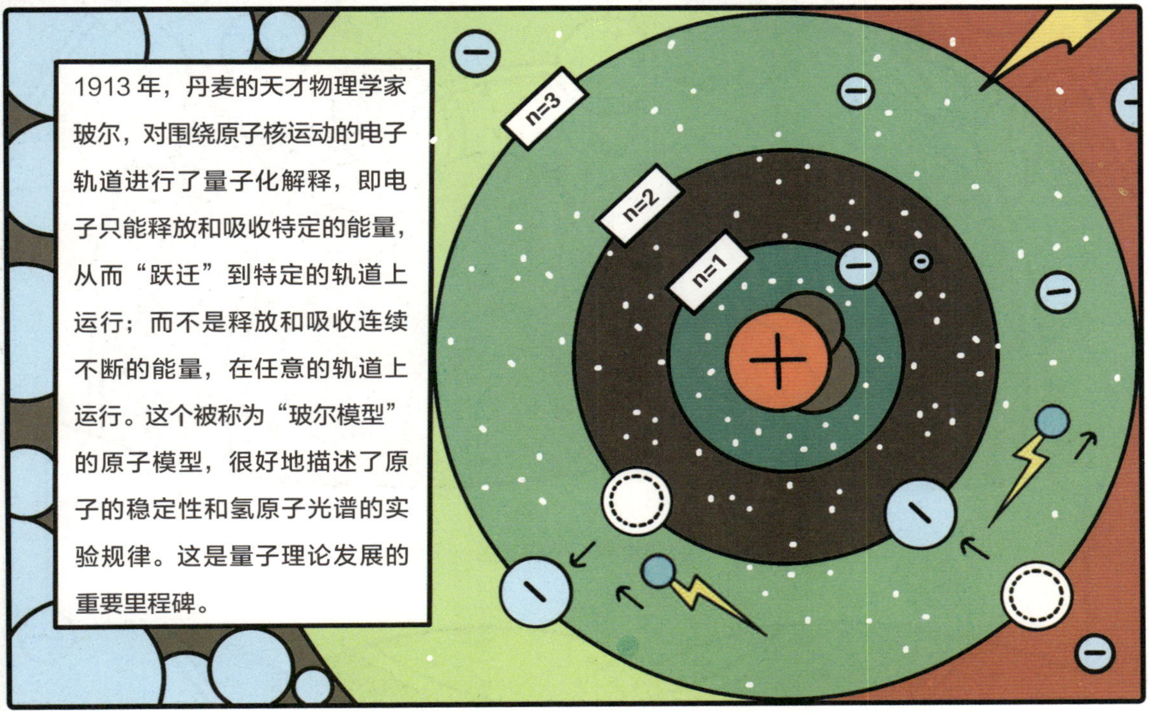

科学家们陆续发现，原子内包括电子在内的所有粒子，其运行规律都不再遵循宏观世界的物理规律，而服从的是新的物理规律——“量子力学”。

GO
量子力学到底有哪些神奇之处呢？接下来请听我给小朋友们慢慢道来吧。

原子核
电子
光子
大家知道，原子已经很小了，科学家们用最先进的仪器，才能看到原子的大概轮廓，而像电子、光子……这些基本粒子就更加微小了，比原子核还要小很多倍呢。我们前面介绍过，原子核的大小只有原子半径的万分之一！

基本粒子这么微小，怎么能看得见呢？事实上，单个的电子或光子不仅现在看不见，可能将来利用更先进的仪器还是看不见，亦有可能人类永远也看不见它们了。
这也是量子力学的一个神奇之处哟，小朋友，试着自己在书本里找到答案吧！

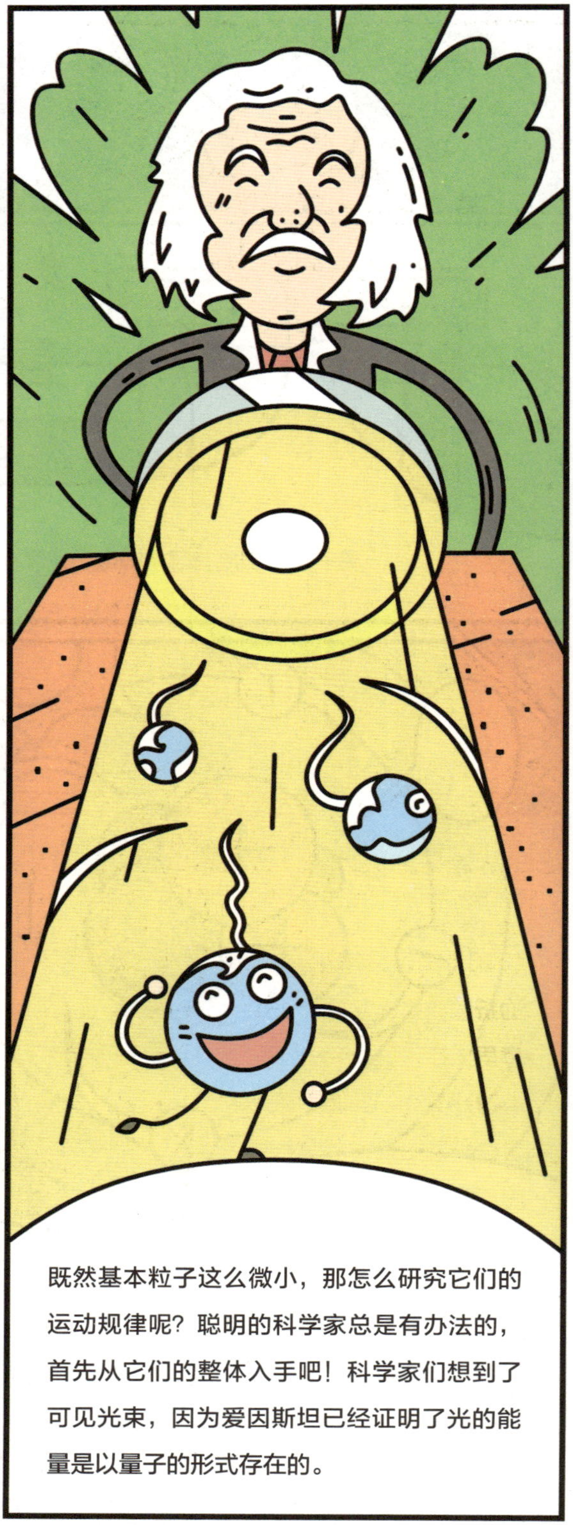
既然基本粒子这么微小，那怎么研究它们的运动规律呢？聪明的科学家总是有办法的，首先从它们的整体入手吧！科学家们想到了可见光束，因为爱因斯坦已经证明了光的能量是以量子的形式存在的。

光的运动规律是怎样的呢？古人很早就注意到了光的特性，比如中国春秋战国时期的墨子，他就明确指出，光是沿直线传播的。

1670 年，牛顿着手研究光的折射，又躲在黑暗的阁楼里，用玻璃棱镜做了非常巧妙的光学实验，证明了白光是由七种颜色构成的。20 世纪初，爱因斯坦指出，光本身也是由一个个不可分割的能量子组成的。这很好地解释了光电效应，同时，也明确了光具有粒子性。

这么说，光子就是粒子啦？不完全是！因为自然界中还有一种物质运动形式——波。

我们时时刻刻都身处在各种波里：水波、声波和电磁波。手机信号、蓝牙、WiFi 等都是利用电磁波传递信息的，都是不能被人们看见的。最容易被看见的就是水波，只要有一摊水就可以被看见了。

那我们就从水波入手，看看波的运动规律吧。在平静的水面上投下一块石头，波就出现了，以石头为中心，形成了有波峰和波谷的同心圆，并且向四周扩散。

假如此时水面上正好有两个障碍物，这列波经过它们时，围绕着障碍物又会各自产生一列波，这种现象叫作波的衍射现象。随后，分别衍射的两列波会撞在一起，发生干涉现象：波峰与波峰相遇时，会叠加得更高；波谷与波谷相遇时，也会叠加在一起，变得更深；而波峰与波谷相遇时，则相互抵消，波纹消失。原来平静的小水面泛起涟漪后，会这么有意思！

波的这些特性与粒子的特性差别实在太大，光与波离得有点儿远吧？有位天才的科学家托马斯·杨却近距离地发现了它们的秘密！

1807 年，托马斯·杨描述了一个“光的双缝干涉”实验。这个实验非常巧妙和直观。直到今天，它依然是物理学史上最经典的实验之一。

投影屏上出现了明暗相间的条纹，说明光通过双缝时产生了衍射，而投影屏上又显示了干涉效果。实验将波的特性展现得淋漓尽致，无可辩驳，揭示了光也具有波的特性。

1924 年，科学家德布罗意提出“物质波”假说。他主张，一切物质都具有波粒二象性，即具有波动和粒子的双重特性。后来的实验发现，电子也存在衍射现象，从而证实电子也具有“波粒二象性”，德布罗意假说是正确的。由此，“波粒二象性”便成为量子力学中最奇特的现象之一。

在量子力学出现以前，科学家们普遍相信，牛顿三大定律和万有引力定律就是主宰整个宇宙的终极真理。
$F=G\frac{m_1m_2}{r^2}$
$F=-F'$

比如，地球在太阳系中的运行轨迹、日食、月食，以及地球自转角度等，都可以被科学家进行极其精确的推算，人们据此可以编出一本“万年历”，能回顾过去、预知未来的几百年甚至几千年！
万年历

小朋友，如果在平地上扔一只棒球，只要知道出手的角度和速度，就可以推算出棒球最终会落在哪里。如果你判断准确、速度够快，就能提前到达棒球的落点，漂亮地接住它。

法国的物理学家拉普拉斯甚至说道：
给我宇宙现在的状态，我就可以告诉你，宇宙的过去和未来！
也就是说，大到日月星辰的运动状态，小到飞沙走石的运动状态，全都可以用牛顿力学来精确地描述和预测。任何物体现在的运动状态，都是过去运动状态的延续；而未来某一时刻的状态，则是由此刻的运动状态所决定的。这就是20世纪以前人们深信不疑的“决定论”。

在现代尖端科技领域，比如火箭的发射、飞船的入轨，都需要精确地测量它们在飞行过程中的位置和速度，以便及时修正轨道；在军事领域，需要测量我方导弹数据，以便精确控制击中目标，更需要测量敌方导弹的数据，以实施精准防御拦截。这些测量的主要手段就是雷达的“电子眼”，也就是利用光（电磁波）的反射原理，来“看见”目标物体。

可是，到了微观领域，精确测量就比较困难了。因为要测量某一微观粒子，同样先要能“看到”它，就是将光打到它身上，然后让光反射到测量仪器里。然而，光是有波长的，如果微观粒子的尺寸比波长还要小，那光就反射不回来了，也就是看不清这个粒子的位置了。因此，要想测出粒子的位置，就要尽可能地用波长更短的光。

光的波长越短，光子的能量就越大，撞上被测粒子后，就会改变被测粒子的运动状态，这样就没办法准确测量它的速度了。

这就好比小朋友刚刚扔出去的棒球，如果在空中撞上了一只蚊子，棒球的路线不会改变；但如果撞上了一只大鸟，那么它的速度肯定要减慢，不再是原来的速度了。

安静！安静！记笔记啦！
在测量微观粒子时，如果用波长比较长的光，测不准位置；用波长比较短的光，又测不准速度。
位置和速度，总有一个测不准，这是不是测量设备不行呢？终于，德国物理学家海森堡说了一句惊世骇俗的话：“不可能同时精确地确定一个基本粒子的位置和速度！”因此，无法精确地测出粒子未来的运动状态。
就是测不准！
位置的误差 × 速度的误差 > 常数
测不准原理
海森堡在对电子进行研究时发现，测量位置的误差和测量速度的误差的乘积必定要大于某个数值。如果准确地测量了位置，说明位置的误差小，那么相应地，速度的误差肯定大，速度就测不准了；反之，准确地测量了速度，那么位置就测不准了。
于是，1927 年海森堡发表了他著名的“测不准原理”，又叫“不确定性原理”。

海森堡笑道："我终于想通了，电子在云室里留下的并不是我们理解的精确的轨迹。那些不连续的、一团团的虚线，不可能精确地得出电子的位置。"

变身
电子其实并不在一个个独立的轨道上运动，它就像会分身的孙悟空一样，拔出一撮汗毛，就能将每一根汗毛都变成孙悟空。原来，电子没有确定的位置，任何时刻都会同时出现在很多地方。

很快，海森堡又发现了更加惊人的事实：能量和时间也是一对测不准的物理量！能量测得越准确，时刻就越模糊；而时刻测得越准确，能量就会起伏不定。这就意味着，在平静的宇宙真空中，在极短的那一刹那会无中生有，能量或“幽灵”物质会突然出现或消失，就像大海中的泡沫一样！
扑通
消失！！
原来，不确定性原理普遍存在于量子世界里！

小朋友，你用心观察过天上的白云吗？如果两朵白云靠得很近，它们一会儿就会融合在一起。冬天下大雾的早晨，我们呼出的雾气可以轻松地在大雾中穿行。这些现象表明，云雾之间可以自由融合，也能彼此穿过。

不确定性原理告诉我们，电子像云雾一样弥漫在原子核的外围，微观世界里的电子“云雾”也能融合和穿越吗？

小朋友，我们已经知道，原子是由原子核和电子组成的，空荡荡的空间中央有一个极小的原子核，外围是云雾状的电子活动区域。这样的原子排列在一起组成的物质，会牢固吗？难道组成水的原子，不会穿过组成杯子的原子流出来？然而，在现实中，这样离奇的事情好像从来也没有发生过，这是为什么呢？

天才的泡利给我们带来了答案。泡利是奥地利的物理学家，他在舞会上发现，男生和女生都是一对一地结伴跳舞。一个男生只跟一个女生跳舞，舞曲结束之前，这个女生是不会同意其他女生加入进来的。也就是说，男生不能同时有两个舞伴。

由此他得到启发：一个氢原子核周围只能有一个电子，另外一个电子根本进不去。这就是著名的“泡利不相容原理”。
H

一对对配对成功的“舞伴”组成了不同的原子，它们不容许其他舞伴插进来，甚至靠近也不行！
H
正是这个原因，两个原子就像两个跳舞的圈子一样，势必会相互排斥，不会完全靠近，更不可能相互融合或穿越。
这就解释了本书第二章中小朋友们的疑问：因为不相容原理，悬空排列的原子能够保持稳定，不会突然塌掉。同样是这个原因，水不会穿过水杯流出来，水杯也不会穿过课桌掉到地上……

英国物理学家戴森对不相容原理做出了进一步的贡献！他证明了原子核一定会与电子配成一对，从而形成原子。这就好比男生和女生在舞会上自动结成舞伴，男生不会落单一样。戴森彻底解决了物质为什么不会塌陷的问题。

所有电子都是一样的，就好比所有的女生长得都一样，虽然男生不能同时有两个舞伴，但是可以交换舞伴，而且男生和女生都不介意。这就使得不同的原子之间分享电子和原子核成为可能。于是，原子之间产生了一种吸引力，科学家将这种原子间的吸引力叫作化学键。

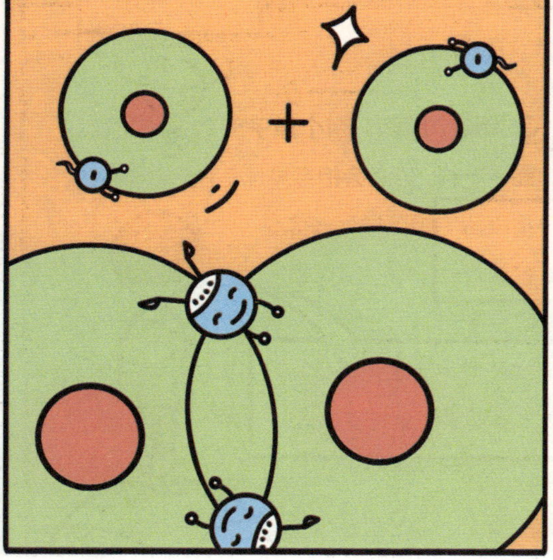

正是因为化学键的作用，物质才不会四处飞散，更不会突然爆炸。这就是本书第二章中小朋友们另一个疑问的答案：因为化学键的作用，悬空排列的原子不会突然膨胀开来。

可见，量子世界存在着无形的“弹簧”（不相容原理）和“皮筋”（化学键）。“弹簧”将原子彼此推开，让原子之间保持着一定的距离，使得物质不至于塌陷或彼此穿过；而“皮筋”呢，则又将原子们拉在一起，不让它们彼此离得太远。这就是物质得以稳定的两股神奇的力量！

谈到量子力学的发展历史，就绕不开一位杰出的科学巨人——玻尔。他是丹麦物理学家，因“玻尔模型”（本书第二章中有介绍，小朋友再去温习一下吧）获得了诺贝尔物理学奖。

本书的第一章中介绍了爱因斯坦因对光电效应的解释，从而证明了量子的存在。因此，爱因斯坦也是量子力学的奠基人之一。

然而，随着量子理论研究的深入，爱因斯坦及其支持者与玻尔领导的哥本哈根学派之间却发生了长期的学术争论。

1935 年，爱因斯坦、波多尔斯基、罗森三位科学家提出了一个思想实验，简称“EPR 思想实验”，也被称作“EPR 佯谬”。一场著名的学术争论开始了。

“EPR 思想实验”有两个假定的前提：一个是指不允许鬼魅般的超光速作用；另一个则认为即使无人赏月，月亮依旧存在，也就是事件的发生与观测的动作无关。把它们合在一起，就得出结论：在某区域发生的事件，不会立即影响到其他区域的事件。假如这个结论成立，则量子力学就存在瑕疵。

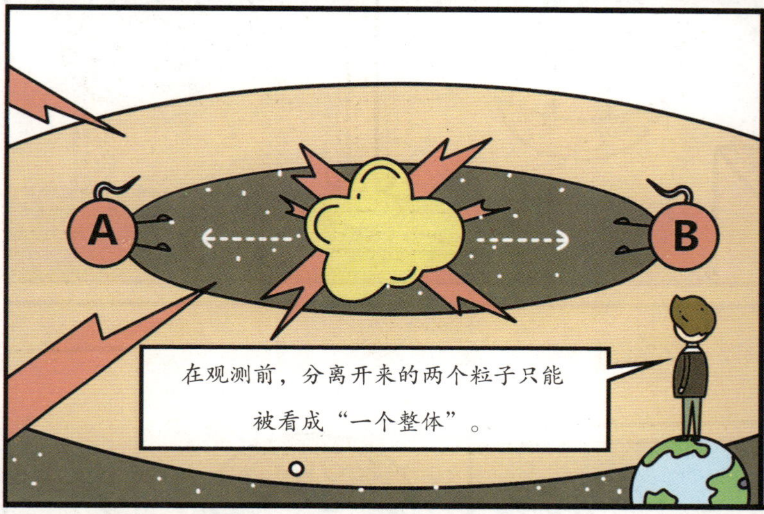

玻尔勇敢地接受了这一挑战。他在认真思考后，给出了解答：在观察之前，从母粒子分裂出来的两个粒子，无论它们相隔有多远，都是一个互相关联的整体。也就是说，在观察以前，两个独立的粒子都是不存在的。

爱因斯坦和玻尔的理论，谁的才是正确的呢？在裁判出现之前，尚无定论！

因此，在很长一段时间里，他们谁也说服不了谁。

直到 1964 年，这场学术争论的裁判才终于现身——物理学者贝尔提出了“贝尔不等式”。不等式证实了“EPR 思想实验”与量子力学的预测不相符，假定的前提不成立。
不等式天平
贝尔不等式
成立
不成立

2000 年，中国科学家潘建伟等人的实验结果再次否决了“EPR 思想实验”。
EPR 的前提不成立！

这也再次证明了玻尔的解释是正确的：在观测之前，从母体上分裂开来的两个粒子，不论相距有多远，都处在一种“纠缠”的状态，它们是一个整体，具有“不可分离性”。

处于纠缠状态下的两个或多个粒子，它们之间的距离无论多么遥远，都是一个整体，对一个粒子进行测量会立即影响到与之纠缠的其他粒子的状态。也就是说，在量子纠缠中，粒子之间的关联是不可分割的。这种特殊的现象，就叫作量子纠缠现象。

量子纠缠现象用传统的牛顿力学是无法解释的，这使得它成为量子力学又一独特而神奇的现象。
在量子主宰的世界里，两个纠缠状态的粒子可以表现出“超光速”的效应。不过，我们并不能利用它来传递信息。
量子纠缠无法传递信息。

绝对保密！
量子纠缠是量子计算、量子通信等领域的重要理论基础。通讯上虽然不能超过光速，但量子通讯可以利用量子纠缠的特性，轻易地发现是否被窃听。因此，它是一种安全性极高的通讯方式。

前面六章跟小朋友们介绍了量子的发现，以及量子世界的几大奇特现象。真正的量子力学，那可是相当深奥复杂的呢！

量子力学这么厉害，它跟我们的生活有关系吗？它到底有什么用呢？

妈妈带我们去超市买酸奶或者面包，我们都要先看一看食品包装袋上的生产日期，这些数字一般都是用激光打标机打上去的；出超市前，收银员先要“扫一扫”包装袋上的二维码，形成账单，再用扫码枪“扫一扫”妈妈手机上的二维码收款。这样方便的“扫一扫”，小朋友早就习以为常了吧？

激光打标机和扫码枪都要用到激光技术，而激光的产生正是量子科技的成果。

“玻尔模型”认为，电子是围绕着原子核周围的特定轨道运行的，在低层轨道上运转的电子吸收能量后，可以跃迁到高层轨道上去，但是这样的状态不稳定，随时可能跃迁回低层轨道，同时释放一个光子。这就是物体发光的科学原理。

爱因斯坦在这个理论的基础上更进一步提出给这些高层不稳定的电子照射一个特定的光子，激发这个电子立即跃迁回低层轨道，同时释放出一个与照射的光子完全一样的光子，就像克隆了一样。新产生的光子再去激发下一个电子，再产生一个一样的光子，如此形成“雪崩”式的连锁反应，最终形成一束强光。这束光是因电子受激发跃迁产生的，因此中国科学家钱学森先生称它为“激光”。

激光有哪些特点和用途呢？构成激光的光子完全一样，这个特性可以用于光纤通讯、全息技术、激光打印机等；激光的方向性好，几乎没有发散，这个特性可以用于导弹的激光制导，也可以用于远距离的精确测量等；激光的亮度高，能量非常集中，因此这个特性可以用于激光切割、激光雕刻等。

激光是最快的刀、最准的尺、最亮的光！

小朋友每天起床、上学、放学，都需要准时，那么学校、老师和家长的时间是怎么做到分秒不差的呢？另外，我们出远门的时候总要用到手机导航，为什么导航那么精准呢？

原来，无论是手机上的时间还是导航，它们都离不开精度极高的原子钟。原子钟其实是利用量子原理发明的。

利用量子原理发明的科技产品还有很多，比如半导体组成的芯片，以及随处可见的 LED 灯和显示屏等。

浑然不觉间，量子力学的科技成果每天都给我们的生活带来了很多便利。换句话说，如果没有量子力学，我们生活的环境可能要退回到父亲甚至是爷爷儿时的生活环境呢！
我不想回到爷爷儿时生活的年代！

小朋友，现在知道了，量子科技其实就在我们身边，甚至已经和我们如影随形了吧。不过这些只是几碟开胃小菜，未来的量子科技产品将更加惊艳！

量子计算机是全世界科学家们研究的热点之一。中国在量子计算某些领域的自主研发能力正进入国际先进水平。不过，量子计算机从实验室走向实际应用，可能还需要一段时间。

大家知道，计算机使用“二进制”的数字语言，只有“0”和“1”两个数字，所有的信息都要用二进制的数据形式来表示，存储在计算机内，才能被计算机识别和处理。每一个存储单位存储的信息都是确定的，要么存储的是“0”，要么存储的是“1”，存储了一个就不能再存储另一个了。

小朋友，还记得不确定性原理吗？假如用量子作为存储单位，情况就不同了，它有 50% 的概率存储的是“0”，还有 50% 的概率存储的是“1”。也就是说，一个量子存储单位，一次就可以表示“0”和“1”两个数字，两个量子存储单位就可以存储 4 个数字。

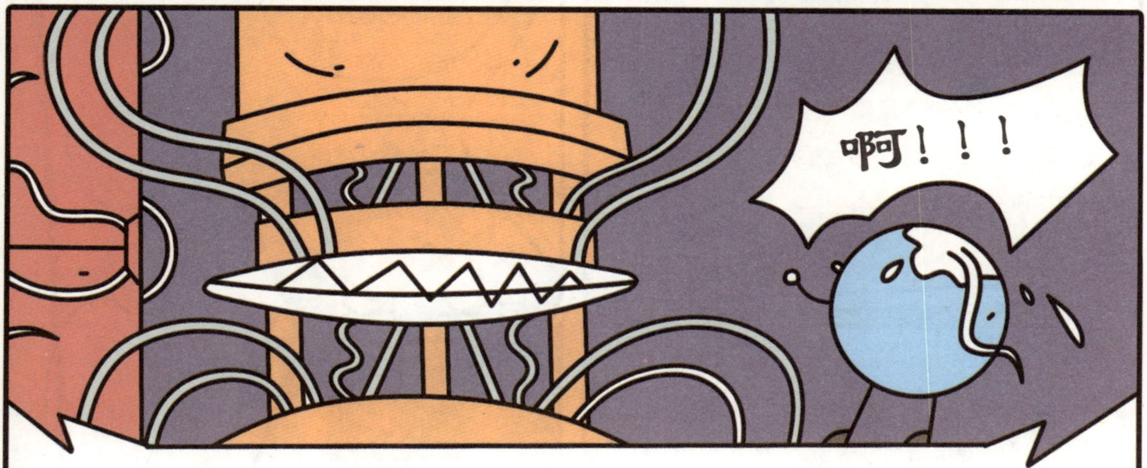

以此类推，随着量子存储单位的增加，它一次能够存储的数字将以极快的速度增长，比如量子存储单位达到 30 的时候，它一次能表示的数字将超过 10 亿个！而传统的 30 个存储单位，一次仍然只能表示一个数字。因此，量子计算机的算力是多么强大啊！

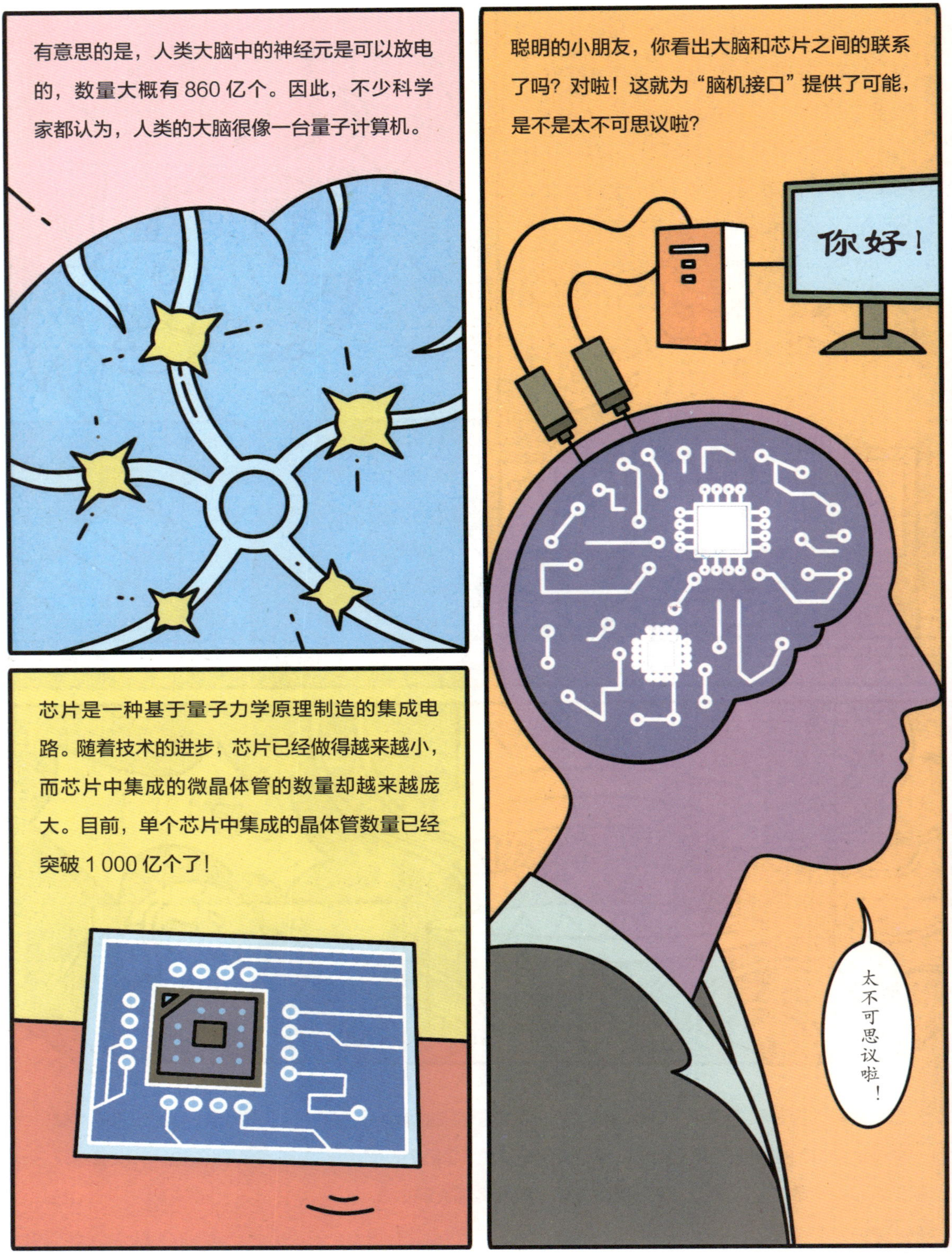
有意思的是，人类大脑中的神经元是可以放电的，数量大概有 860 亿个。因此，不少科学家都认为，人类的大脑很像一台量子计算机。
芯片是一种基于量子力学原理制造的集成电路。随着技术的进步，芯片已经做得越来越小，而芯片中集成的微晶体管的数量却越来越庞大。目前，单个芯片中集成的晶体管数量已经突破 1 000 亿个了！
聪明的小朋友，你看出大脑和芯片之间的联系了吗？对啦！这就为“脑机接口”提供了可能，是不是太不可思议啦？
你好！
太不可思议啦！

目前，脑机接口技术已经可以初步修复人体部分运动功能了，比如对假肢的控制。

2016 年，中国航天员景海鹏和陈冬在“天宫二号”上完成了人类首次太空脑机交互实验。

脑机接口技术将在医疗和人机交互方面实现更加广泛的应用，还有可能实现人类的“数字永生”呢！

2022 年 5 月，“墨子号”实现了 1 200 千米量子通讯的新纪录，说明中国的量子通讯技术走在了世界前列。

当然，还有超导体、超流体等，这些未来的量子科技从实验室走向应用，都还需要科学家们付出极大的热情和努力。

我就是科技大牛！
量子科技才刚刚起步，小朋友们将是量子时代的主角，未来量子科技的闪耀明星也许就是你哟！

秒懂

未来科技

疯狂的机器人

图蓝 赛启团队◎编著

航空工业出版社

北京

内容提要

《秒懂未来科技》是一套专为孩子们设计的科普读物，它用漫画的形式，将复杂的前沿科技知识生动地呈现出来。这套书致力于向孩子们展示前沿科技的无穷魅力，激发他们对科技的好奇心。通过深入浅出的讲解，让孩子们了解每个科技领域的独特之处，从而点燃他们对科技的热情，启迪他们的梦想。

图书在版编目（CIP）数据

疯狂的机器人 / 图蓝，赛启团队编著. -- 北京 ：航空工业出版社，2024.4（2024.7 重印）

（秒懂未来科技）

ISBN 978-7-5165-3710-7

Ⅰ. ①疯… Ⅱ. ①图… ②赛… Ⅲ. ①机器人一青少年读物 Ⅳ. ① TP242-49

中国国家版本馆 CIP 数据核字（2024）第 060606 号

秒懂未来科技・疯狂的机器人

Miaodong Weilaikeji.Fengkuangde Jiqiren

航空工业出版社出版发行

（北京市朝阳区京顺路 5 号曙光大厦 C 座四层　100028）

发行部电话：010-85672688　010-85672689

艺堂印刷（天津）有限公司印刷　　全国各地新华书店经售

2024 年 4 月第 1 版　　2024 年 7 月第 3 次印刷

开本：787×1092　1/16　　字数：25 千字

印张：3　　定价：168.00 元（全 6 册）

亲爱的小读者：

欢迎来到机器人的奇妙世界！

为了更好地服务人类的生产和生活，科学家们发明和制造了这群能干的小伙伴——机器人。一开始，它们只是“胳膊”的样子。后来，它们又被安上了能够移动的“腿脚”。如今在人工智能的加持下，它们已经具备了听、说和看的能力。它们的家族正在疯狂地扩张和“进化”，不仅有了各种动物的外形和功能，甚至在某些方面已经能够与人类相媲美。它们有的会和我们一起聊天、玩游戏，有的会帮助我们做家务，甚至完成一些我们无法完成的工作……未来的机器人，将是人类的朋友，还是敌人呢？

除了“疯狂的机器人”外，《秒懂未来科技》丛书还介绍了其他五个有趣的前沿科技领域。通过生动形象的插图和富有启发性的文字，这套丛书将继续带你深入了解智慧过人的人工智能，揭示神秘的量子世界，体验元宇宙的神奇魅力，揭秘生命科学的无限可能，以及探索星际旅行的广阔前景。

亲爱的小读者，《秒懂未来科技》丛书是一套为孩子们精心打造的高品质科普读物，由多位科学家及学者组成的“赛启团队”共同创作。我们希望这套科普读物不仅能够解答你对未来科技的好奇和疑惑，还能激发你的探索欲望，让你在轻松愉快的阅读中，体验秒懂未来科技的乐趣。

愿你在书香中感受科技的魅力，点燃学习的激情，探寻无尽的奇迹！

祝阅读愉快！

赛启团队

2023 年 12 月

目 录

Windows

小朋友们都喜欢自带声音还能动起来的玩具吧？其实大人们也同样感兴趣呢！人们很早就通过神话传说想象出了各种神仙怪兽，他们能上天入地、赴汤蹈火，甚至可以长生不老……

不同时代的科学家和能工巧匠们，还制作出了很多具有人类（或动物）特点的机器人雏形。比如西周时期，一位叫偃师的能工巧匠使用木材与皮甲制造出了一个逼真的“木甲艺伶”。这是我国最早记载的机械人偶，据说它能和人一样能歌善舞。

汉代科学家张衡除了发明地动仪，还发明了“记里鼓车”。据说，记里鼓车有上下两层，每层各有木制机械人手执木槌。下层木人打鼓，车每行一里路，敲鼓一下；上层机械人敲打铃铛，车每行十里路，敲打铃铛一次。

“射箭童子”是日本江户时代（相当于中国的明清时期）的机械人偶，它可以自动从装有 4 支箭的箭袋中逐一取箭，射向 2 米外的目标。“射箭童子”不仅有细致的动作，还有丰富的表情呢！

古代的欧洲也出现过不少机械人偶玩具。
欧洲人也喜欢机械人偶吗？
200 多年前，一位瑞士钟表名匠和他的两个儿子还设计出了三个像真人一样大小、极尽精巧的机械人偶，分别叫作书写者、绘图员和音乐家。它们不仅形象逼真，动作和技艺也令人惊叹！
1495 年，意大利著名艺术家达·芬奇设计出了一台具有自主行动能力的骑士。它能够移动手臂、下巴，甚至能够坐起来。这台机械人偶设计得非常巧妙，融入了达·芬奇在人体解剖学方面的诸多发现。
以上例子说明，生活在东西方的人们都对机械人偶痴迷不已。但受制于当时科学技术发展水平的限制，古人对机器人的憧憬，更多地只能在文艺及科幻作品中得到释放。

1920 年，捷克作家恰佩克创作了一部戏剧，叫作《罗素姆万能机器人》，首次提出了“机器人”这个名词。捷克文的“Robot”，是“劳役、苦工”的意思，后来成为人造人、机器人的代名词，也是“机器人”一词的起源。

戏剧中的机器人外貌与人类相似，而且善于思考。然而，它们并非与人为善，而是要计划灭绝人类……戏剧的结尾，机器人接管了地球，并毁灭了创造它们的人类。

短短的 100 年间，机器人已经走出科幻小说，一步步走进了人类的生产生活。随着计算机技术、人工智能技术的飞速发展，如今的机器人已经越来越“逼近”真人了。

2016 年，超级聪明的人形机器人诞生了，“她”叫“索菲娅”，有着一颗仿人类的大脑、真实的面孔，能够眨眼、左右看，还能交谈。2017 年 10 月，“索菲娅”成为沙特阿拉伯的合法公民，从而成为世界上第一个获得合法公民身份的机器人。

目前，人形机器人的灵活性与人类还有不小的差距，不过已经可以完成一些简单动作了，并且正在快速进步。这激起了全世界很多顶尖公司和人才的研发热情。

可以预见，在不久的将来，它将与我们人类并肩工作、相伴生活，甚至达到“不分彼此”的程度。
机器人是要服务人、替代人，还是要超越人呢？

小朋友，你看过以机器人为题材的电影吗？其中很多都是反攻人类的，更是有不少经典之作。
机器人会不会毁灭人类呢？
这在机器人越来越逼近真人的今天，更加令人们焦虑不安。小朋友是不是也有这样的担心呢？

其实，机器人刚出现在科幻作品里的时候，就有学者认真地思考过机器人技术的应用将带来的风险问题了。为了防止机器人伤害人类，1950 年，科幻作家艾萨克 · 阿西莫夫在《我，机器人》一书中，提出了“机器人三定律”：

一是机器人不得伤害人类，或坐视人类受到伤害而袖手旁观；

二是机器人必须服从人类的命令，除非人类的命令与第一条相违背；

三是在不违背第一条和第二条的前提下，机器人应当保护自身不受伤害。

“机器人三定律”后来又扩充了一条，但总体原则没有改变。直到今天，它仍是机器人行业发展的指导性原则。

“机器人三定律”并没有减少人们的担心和焦虑，机器人终有一天会威胁到人类吗？科学家们认为：将机器人视为人类的潜在威胁，甚至认为机器人大有取代人类之势，明显是误导和有害的！

首先，机器人是人造机器，机器本身并没有控制世界或消除人类所有工作的需求。也就是说，在本质上，机器人与人类没有竞争关系。

其次，研发机器人的目的是为了“增强”我们的技能，使之与我们并肩合作，以提高人们的工作效率或改善人们的生活质量。人的能力和机器的能力之间，有一个“缺失的中间地带”，人和机器在此区域内具备了相互协作的基础，是共生的伙伴。

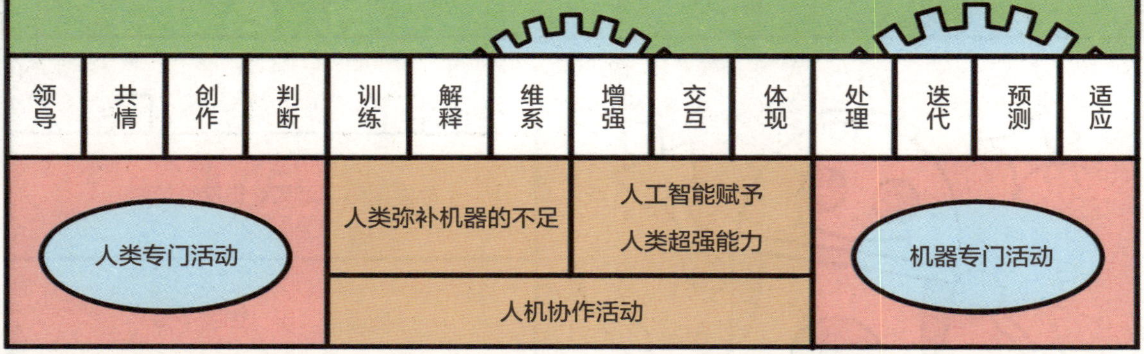

最后，机器人技术虽然取得了不少突破，但实际上离科幻电影、小说里高度智能的水平差距还很大。本书第七章就介绍了智能机器人实现“思考”的几种方式，小朋友们了解之后就会明白，对机器人的过度担心确实是没有必要的。

在前一章中，我们介绍了一些古人制作的机械人偶，它们只是机器人的前身，还算不上是机器人。那么，什么样的机器才算得上是机器人呢？

1967 年，第一届机器人学术会议在日本召开，专家们提出了两个有代表性的定义。

一个是：机器人是一种具有七个特征的柔性机器。

另一个是：机器人应当具有仿人的特点，即会动手、能走路、善思考，还能感知外部环境、调整自身状态。

大多数专家认为，智能机器人应该具备三个方面的能力，即感知能力、行动能力和思考能力。

现代机器人是一个集成的复杂系统，由各种高科技的器件组成，包括处理器、传感器、控制器、执行器，以及装在机械臂末端的功能套件等部分。

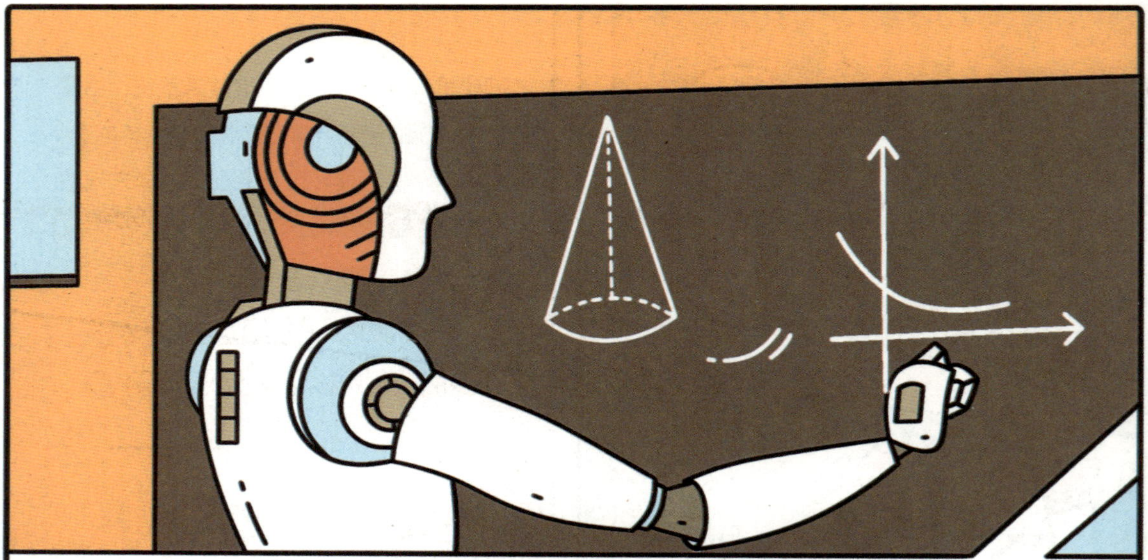

大脑是人类思考、感知和行动的中枢，控制着人体的各种功能和行动。按照上述机器人的定义，机器人也应该有一个“大脑”，它的大脑就叫“人工智能”。只要人工智能不具有威胁性，听命于它的机器人自然就是友好的。

2023 年 6 月 14 日，欧洲议会通过了《人工智能法案》：禁止利用人工智能操纵人类的潜意识；禁止人工智能利用人性的弱点，导致人类的身心伤害；禁止在公共场所滥用生物特征进行身份识别；禁止所有对人体健康、安全或基本权利可能构成重大威胁的人工智能产品的生产。

机器人，外形应该就是人类的样子吧？非也！机器人出现后，最早被应用在工业领域，它们都不是人的外形，而更像机械臂。它们的任务是减轻人类的劳动强度，代替人类在严峻的环境下工作。
它们的外形怎么不像人呢？

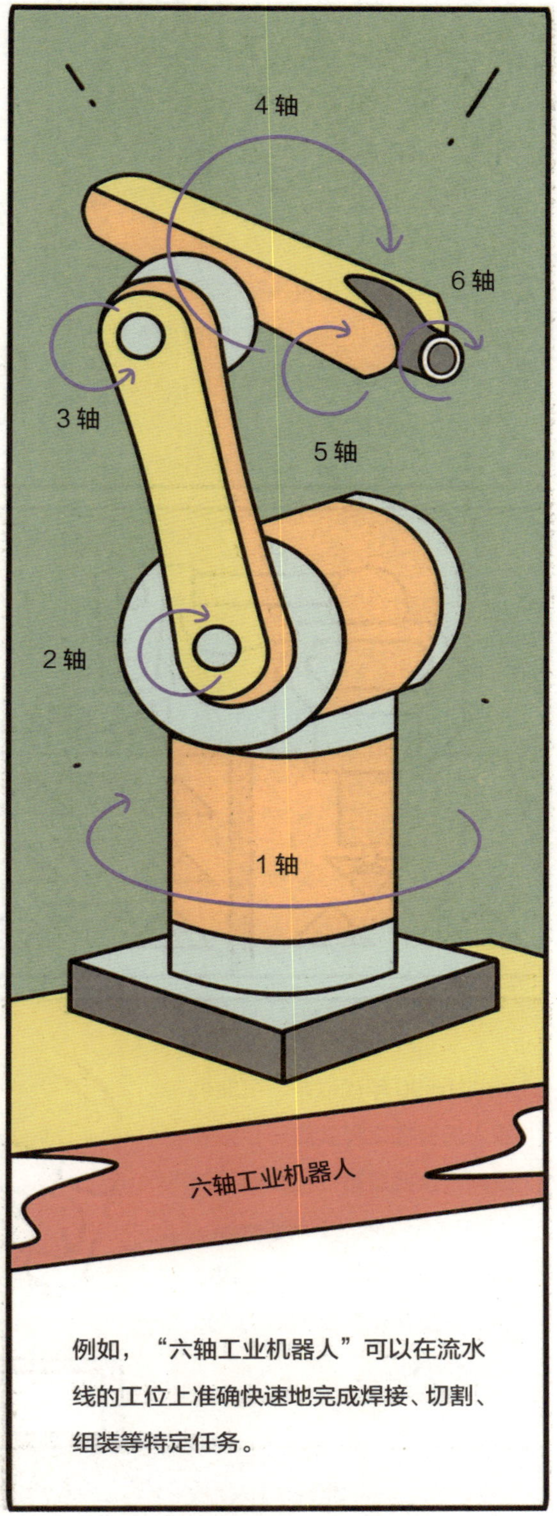
4 轴
6 轴
3 轴
5 轴
2 轴
1 轴
六轴工业机器人
例如，“六轴工业机器人”可以在流水线的工位上准确快速地完成焊接、切割、组装等特定任务。

20 世纪 60 年代末到现在，工业机器人在外观上的变化并不大，但智能化程度却有了质的飞跃！

最早的工业机器人，又叫第一代工业机器人，它们的核心能力就是学习、模仿人的动作，可以重复执行技术工人教授给它的动作。比如，汽车焊接机器人，技术工人在教会它如何焊接后，它就可以重复完成这项工作了。

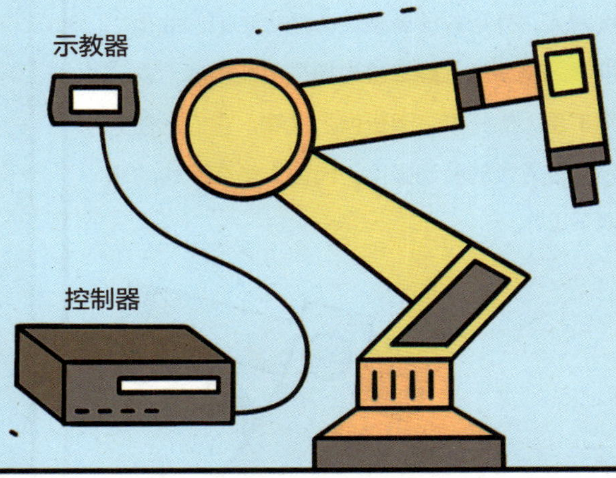

虽然第一代工业机器人可以执行费力、重复性的工作，但不能感知环境变化，它们机械、死板，不会随机应变。于是，20 世纪 70 年代后期，人们开始研究第二代工业机器人，它们带有多种传感器，具备了力觉、触觉、滑觉、视觉、听觉等多种感觉能力，能够感受和识别工件的形状、大小、颜色等。

20 世纪 90 年代以来，工业机器人的智能化程度进一步得到提高，也就是第三代工业机器人。它具备了进行复杂的推理、判断及决策的能力，还能根据环境的变化及自身的状态，自主调整动作。

工业机器人越来越“聪明能干”，能完成的工作也日趋复杂。它的应用领域也从传统的制造业，逐渐扩展到了更加精密的行业，比如医疗手术、军事侦察、物流仓储等领域。

如今，工业机器人也能直接与互联网互通信息了，即通过与其他设备交换数据和共享信息，实现更加智能和高效的工作。这种将工业机器人、智能设备、传感器及其他对象连接到互联网的技术，就是“万物互联”的物联网了。例如，仓库机器人可以根据网购订单的要求，实现“货到人”的智能分拣，大大提高了电商的货物挑拣打包效率。

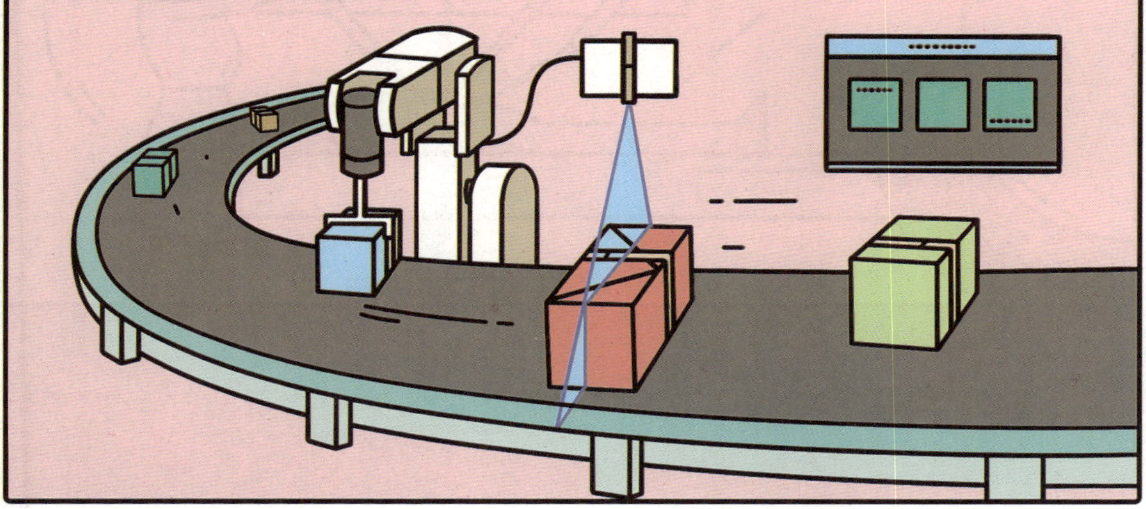

工业机器人除了能在地上走，还能在天上飞。无人机可以利用视觉、激光雷达、超声波和其他传感器来感知周围环境，实现精准导航和避障。例如，军用无人侦察机，具备 24 小时不间断数据提供及机动应变能力，连起降都可以自动完成。

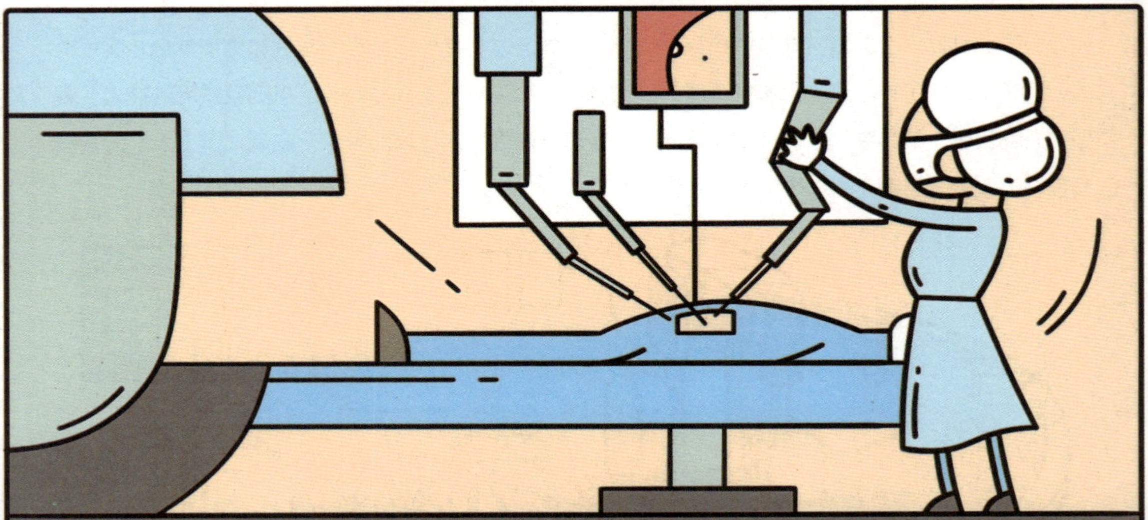

工业机器人还能胜任“心细如发、穿针引线”的工作呢！例如，在医疗领域的手术机器人，可以协助医生进行复杂的微创手术。

上一章中提到，人和智能机器人可以协同工作，各施所长。这种“人机协作”模式开创了新型的生产流程，是工业机器人发展的最新趋势。

训练	解释	维系	增强	交互	体现
人类弥补机器的不足			人工智能赋予人类超强能力		
人机协作活动					

协作机器人是一种可以与人安全地协同工作的机器人。它们配备有感应器和视觉系统，可以感知周围环境，能够高效地与人协同工作。

另外，工业机器人在技术和应用方面的最新进展还有：更高的自主化和自适应性。采用了最先进传感技术和机器学习算法等人工智能技术的工业机器人，能够适应更加复杂的工作环境和任务。

通过最新的增强现实（AR）头盔和虚拟现实（VR）设备，人们可以远程控制机器人，也可以实时获得机器人的状态信息，使得远程作业更加便捷和高效。

增强现实（AR）与虚拟现实（VR）有什么区别呢？小朋友，快去第五章中找找答案吧！

人们除了工作上需要机器人的帮助，在日常生活中也有很多需要机器人帮助的地方，包括人们的吃穿住行、健康、教育等，这一类机器人被称作“服务型机器人”。

然而，直到2009年，服务型机器人才开始进入人们的视野。也就是说，服务型机器人的广泛应用要比工业机器人晚几十年呢！小朋友，是不是有些好奇，机器人难道只知道人类有工作，忘了我们还有生活吗？

非也，主要原因是人们与机器之间存在着“交流障碍”！

人与计算机之间交流与互动的技术，简称“人机交互”技术。
最早的“人机交互”工具是键盘和显示器，人们通过键盘向计算机输入指令，计算机将计算的结果输出到显示器上。
你好！

后来，鼠标以及视窗（Windows）这样的图形界面被发明出来，大大提高了“人机交互”的效率。
可是“人机交互”仍长久地停留在二维的屏幕上，使得输入和反馈的信息量都非常有限，也不便于读取。因此，机器人难以自如地与人进行交流和互动。
Windows

语音识别技术是一种将人类语音信息转换为文本或命令的技术，它的实现过程非常复杂。这项了不起的技术是如何实现的呢？通常包括以下步骤。

信号采集：通过麦克风等设备将人类语音信息转换为音频信号。

预处理：对音频信号进行预处理，包括降噪、消除回声等，以提高后续处理的准确性。

特征提取：从音频信号中提取出有用的特征，如声音频率、声音强度等，用于识别。

语音识别：使用机器学习和统计模型等算法，将提取的特征与已知的语音模式进行比对，以识别出对应的文本或命令。

后处理：对识别结果进行后处理，消除错误、提高识别准确率。

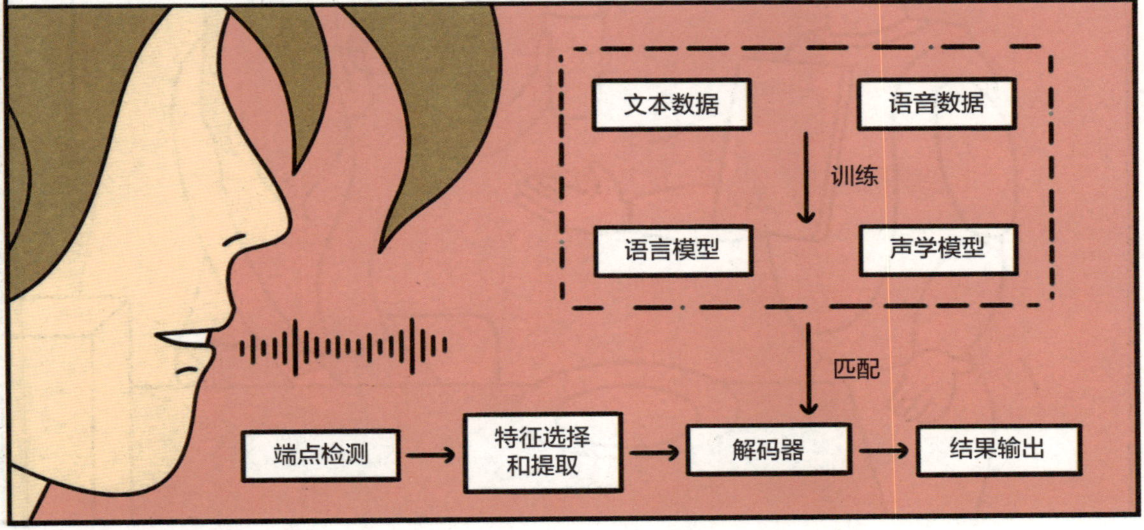

语音识别技术的发展受益于深度学习的进步，特别是使用深度神经网络的端到端语音识别模型，使得语音识别的准确性得到显著提升。

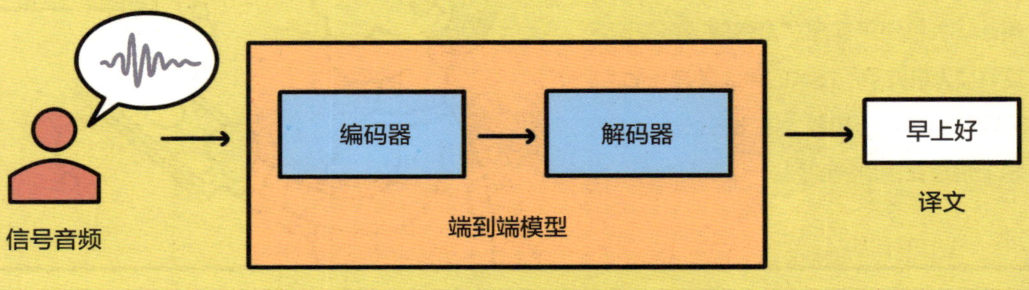

语音识别技术让机器人长出了耳朵和嘴巴，“能听会说”的服务型机器人开始出现在很多场合。常见的服务型机器人有：餐厅服务机器人、酒店服务机器人、机场服务机器人、医疗服务机器人、家庭服务机器人、安保服务机器人、社交服务机器人、教育服务机器人等。

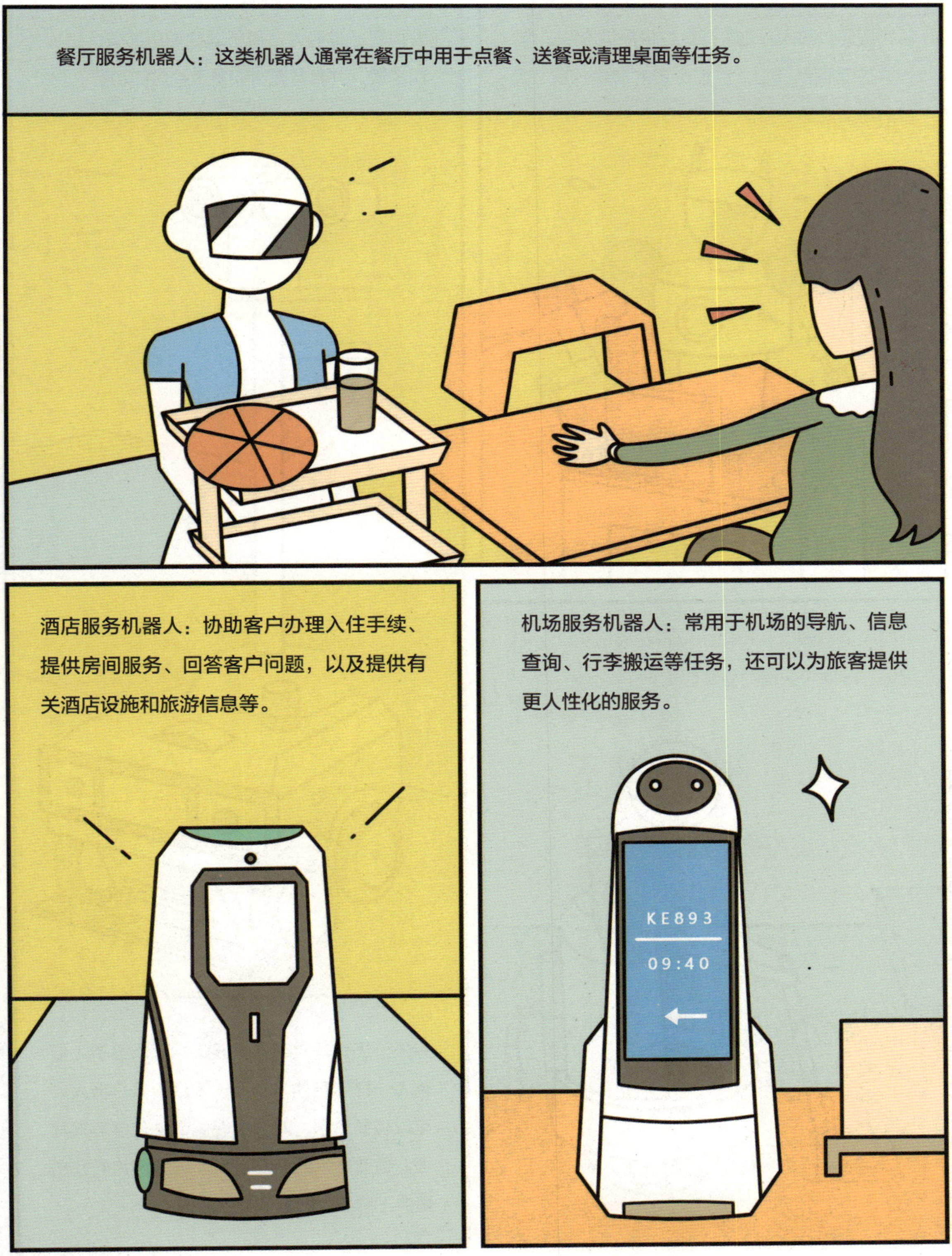
餐厅服务机器人：这类机器人通常在餐厅中用于点餐、送餐或清理桌面等任务。
酒店服务机器人：协助客户办理入住手续、提供房间服务、回答客户问题，以及提供有关酒店设施和旅游信息等。
机场服务机器人：常用于机场的导航、信息查询、行李搬运等任务，还可以为旅客提供更人性化的服务。
KE893
09:40

医疗服务机器人：在医疗机构中提供协助工作，如为患者提供药物、监控患者的健康状况、完成消毒清洁等任务。

安保服务机器人：用于公共场所的安全监控和巡逻，并具备警告和紧急响应的功能。

家庭服务机器人：可以执行各种家务劳动，如扫地、拖地、搬运物品等。

另外，还有社交服务机器人，可以给予人们家人一样的陪伴与交流；教育服务机器人，可以辅助教学，向学生提供个性化学习指导等。随着技术的不断进步，未来还将涌现出更多不同类型的服务型机器人。

比起呆头呆脑的机器人，小朋友还是喜欢“聪明”一些的机器人吧？所谓聪明，就是耳聪目明之意。在解决了“能听会说”的难题后，就该重点解决机器人的“视力”问题了！

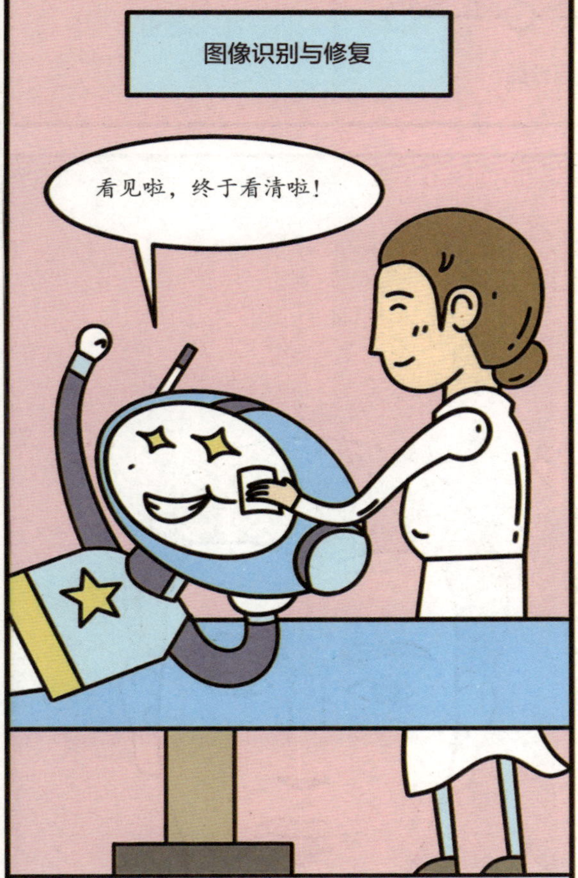

让机器人能够“看见”和理解周围的环境，这样的技术叫作图像识别技术。

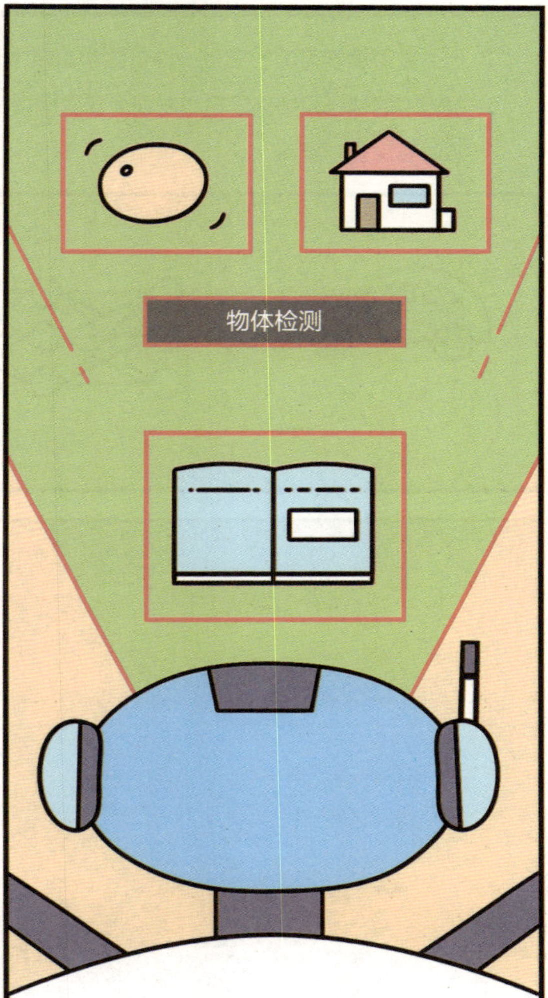

图像识别技术的研究始于 20 世纪 50 年代，主要集中在简单的图像处理，如文字特征提取的研究上，但是研究的难度很大，进展也比较缓慢。直到 2012 年，图像处理技术终于取得了惊人的突破。深度学习的快速发展为图像识别带来了质的飞跃，使得许多应用，如人脸识别、物体检测、图像分类等，在准确率和效率上都得到了显著提升。

什么是深度学习呢？它是一种机器学习技术，模仿了人类大脑神经网络的工作方式，通过多层虚拟的神经网络来学习和发现大量数据规律，“深度”是指神经网络的多层叠加，层数越多，意味着深度“更深”。

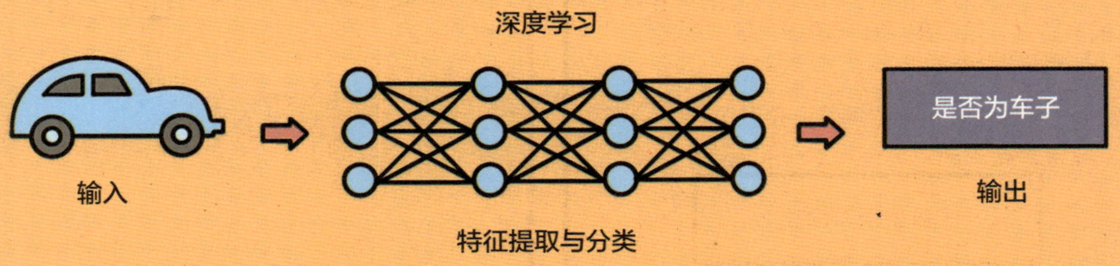

比如，人脸识别技术，可以快速辨别图像或视频中的人脸特征，从而准确地完成身份识别。2014 年，这项技术开始走进我们的生活，随后，各种提高人脸识别准确性的深度学习方法不断涌现，使得这项技术达到了前所未有的水平。小朋友，如果假期里出远门，在坐高铁或者住酒店的时候，就能接触到这项了不起的技术啦！

“看得见”只是机器人视觉的初步目标，科学家们的最终目标，是要机器人能够“看得懂”，就是能够准确地“辨认出”图像中的各种事物和场景。这并非易事，需要在很多的视觉技术上取得突破，主要包括：图像分类、目标跟踪、目标检测、图像分割、姿态估计及影像重建等。

具体需要以下几项视觉技术的突破！

图像分类：将图像分为不同的类别，比如识别数字、动物、车辆等。

目标跟踪：跟踪目标的运动情况。

目标检测：在图像中定位并标记出特定目标的位置，比如人脸、行人、交通标志等。

图像分割：将图像分割成不同的区域，以提取出感兴趣的目标。

姿态估计：估计图像中对象的姿态和动作，如人体姿势、手势识别等。

影像重建：从图像或视频中恢复立体场景的结构及其他信息。

可喜的是，这些复杂的跨学科视觉技术都在不断地取得进展。比如，在某些情况下，汽车自动驾驶的安全性甚至已经超过人类驾驶。另外，在机器人导航方面，机器人可以根据环境中的地标和特征准确地导航和定位；在工业自动化中，机器人可以检测和识别产品的缺陷，对物品进行排序等。

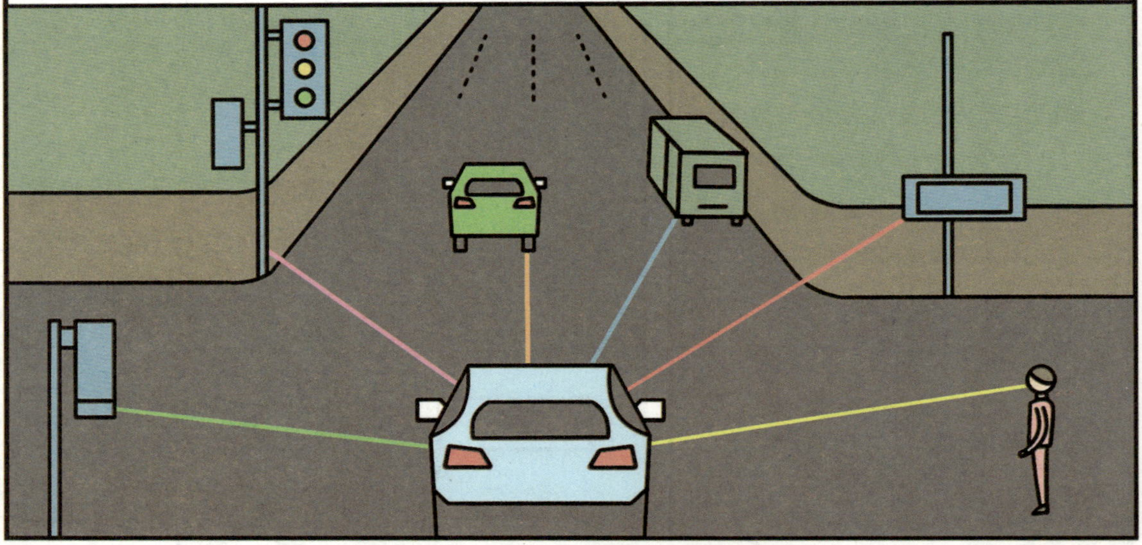

特别是服务型机器人，除了可以识别人类的面部表情，还能“看得懂”人体的姿态和手势，这样一来，它们与人的交流就更加自然了。

姿态识别和手势控制技术的发展为人机交互带来了更加自然和便捷的方式，这是人机交互技术的又一重大突破。它们在虚拟现实（VR）、增强现实（AR）、智能家居等领域都有着广泛的应用前景。

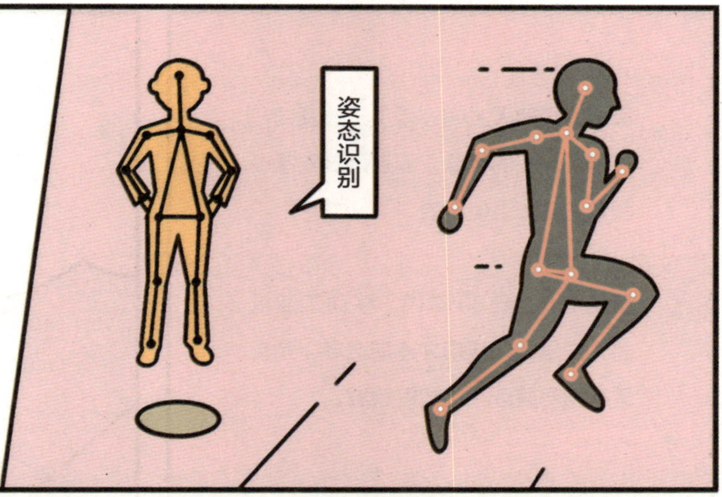

什么是虚拟现实（VR）？什么又叫增强现实（AR）呢？这是两种与真实世界交互的技术，它们都涉及虚拟信息与真实环境之间的融合，但它们的实现方式和应用场景有所不同。

虚拟现实（VR）是一种通过计算机技术模拟真实世界场景或创造虚构的场景，可以让人完全沉浸在这个虚拟环境中。

增强现实（AR）则是虚拟信息通过计算机视觉技术与真实环境相结合，将所有画面显示在使用者所看到的场景上。增强现实并没有将人完全带入虚拟环境，而是保持了使用者与真实世界的交互。

怎么样，机器人视觉技术是不是比孙悟空的“火眼金睛”还厉害？它不仅看得清、看得懂现实世界的场景，还能帮助人们看见虚拟世界的神奇景象！

早期的机器人主要被用于工业领域，长得仅像人的手臂，而且是被安装在固定的基座上使用的。

直到 20 世纪 80 年代，移动工业机器人的研发和应用才逐渐增多，尤其是在物料搬运和巡检等领域。

2000 年以后，得益于传感器、导航、自主控制等技术的长足进步，工业机器人终于获得了“行动自由”，可以在复杂的环境中自主移动啦！

今天，移动工业机器人已经在许多工业领域得到广泛应用，如物料搬运、库存管理、装配、巡检和清洁等，为工业生产带来了很多积极的改变，使得现代工业更加智能、灵活和高效。

随着应用范围的扩大、应用场所的不同，移动机器人的行走方式也逐渐多样化。

首先出现的是轮式机器人。20 世纪后半叶，轮式机器人开始在工厂生产线、物流仓储、医院、酒店、清洁服务、公共交通等场所应用。

随后，腿式机器人也得到了应用，因比轮式机器人更适合复杂和危险的地形，从而在勘测、救援和探险中大受欢迎。腿式机器人包括二足机器人和四足机器人。

二足机器人是最简单的腿式机器人。它们模仿人类步态，更适合在平坦的地面上行走。

四足机器人最为常见。它们模仿狗、猫等动物的步态来实现行走，并且在不平坦的复杂地形上行走能力较强。

拥有 6 只腿、8 只腿或更多只腿的机器人，被称为多足机器人。

其中，六足机器人的设计灵感来自昆虫，如蚂蚁、甲虫等，它们的六足结构比四足结构在横向移动和攀爬时表现得更加灵活和稳定。

更多足的机器人模仿蜈蚣的步态，它们在水中和泥地等复杂环境中表现较好，可满足在特殊环境中做任务的需求。它们主要应用在救援、探索、军事和科学研究等领域。

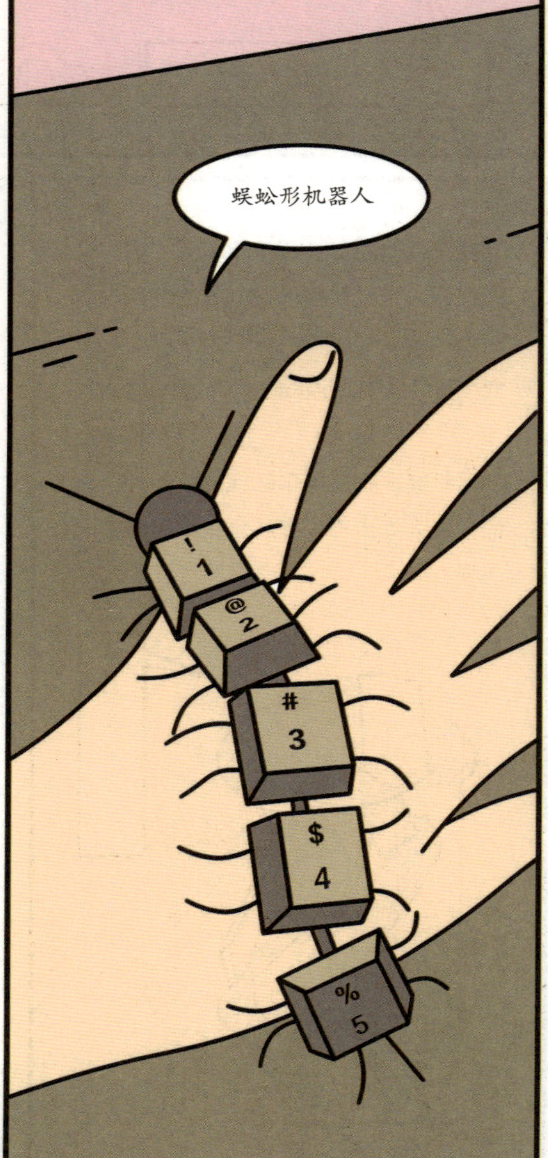

八足机器人模仿了蜘蛛的步态，通常具有很好的机动性和稳定性，适合在狭窄或不规则的环境中行走。

在移动机器人中，双足机器人最受人们关注。因为它们是模仿人类行走的仿生机器人，在使用上具有许多优点。它的优点有哪些呢?

首先，双足机器人能够模仿人类的步态，具有较高的灵活性和机动性，能够适应更多种类的应用场景。

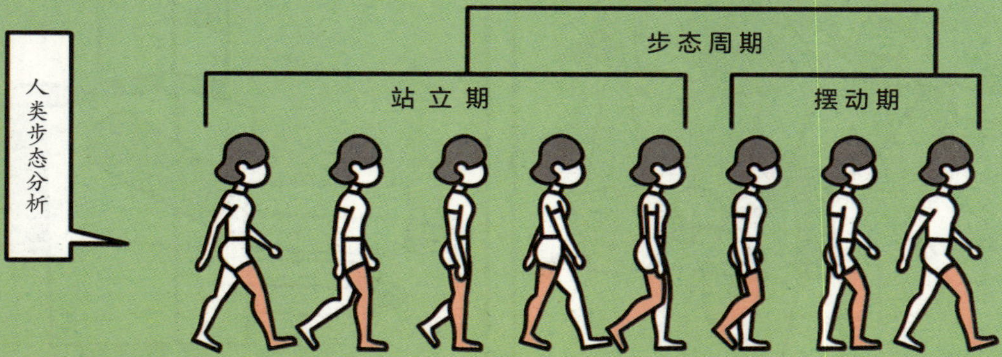

其次，双足机器人更容易与人类进行交互，可以用作服务机器人、陪伴机器人、医疗辅助机器人或教育机器人等，还能更好地与人类一起工作，协同完成很多任务。

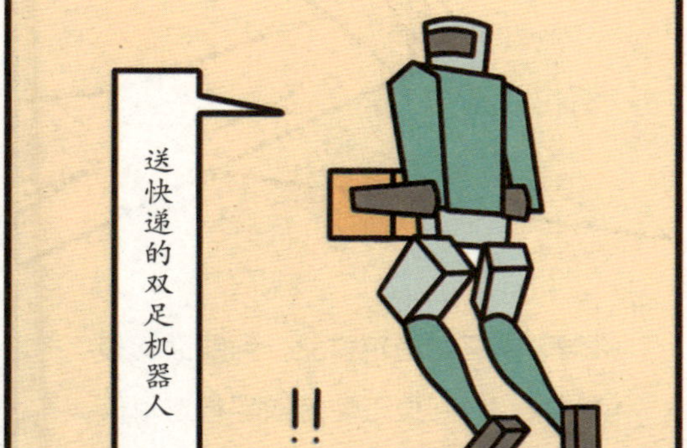

再次，双足机器人通常配备多种传感器，如视觉传感器、力觉传感器等，能够感知周围环境，能自主进行导航、避障和动态规划，具有更高的智能化和自主性。

双足机器人的优点很多，可实现起来，技术难点也很多。
比如，双足机器人需要实时保持平衡，以保证机器人的稳定行走，这是一大挑战。

双足机器人的运动需要的能耗较高，特别是在高速运动和复杂环境中，能耗更大。如何降低能耗，以延长作业时间、减轻电池重量，这又是一大挑战。

在不同地形和任务中，确定合适的步态和行走方式，涉及复杂的技术，挑战也不小。
机器人从只能固定作业，到勉强能移动起来，再到灵巧地用双足行走，仅仅这一个方面的进步，是不是就特别激动人心了呢？

人工智能的发展经历了几个重要阶段，科学家们不断探索着各种模拟人类思维的方法。直到进入 21 世纪，机器学习和深度学习引领人工智能进入全新的发展阶段，终于形成了今天多样化和广泛应用的人工智能技术。

随着大数据处理技术和计算机算力的迅速提高，机器学习成为人工智能研究的主要方向之一。

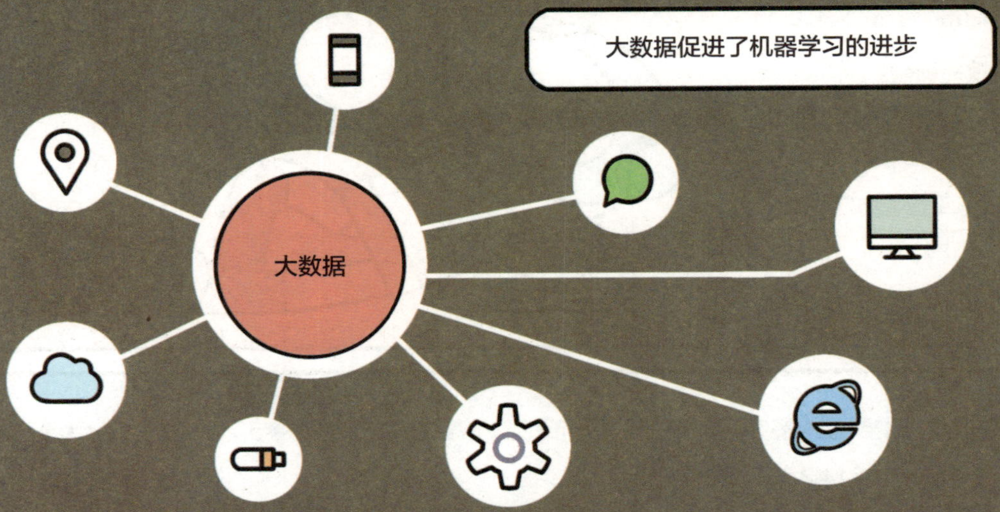

2010 年以后，机器学习发展出了一个分支，叫深度学习。深度学习使得机器能够进行更复杂的特征提取和学习，大大提高了人工智能的性能。

小朋友们，大家对深度学习还有印象吗？我们在第五章中有介绍哟，去温习一下吧。

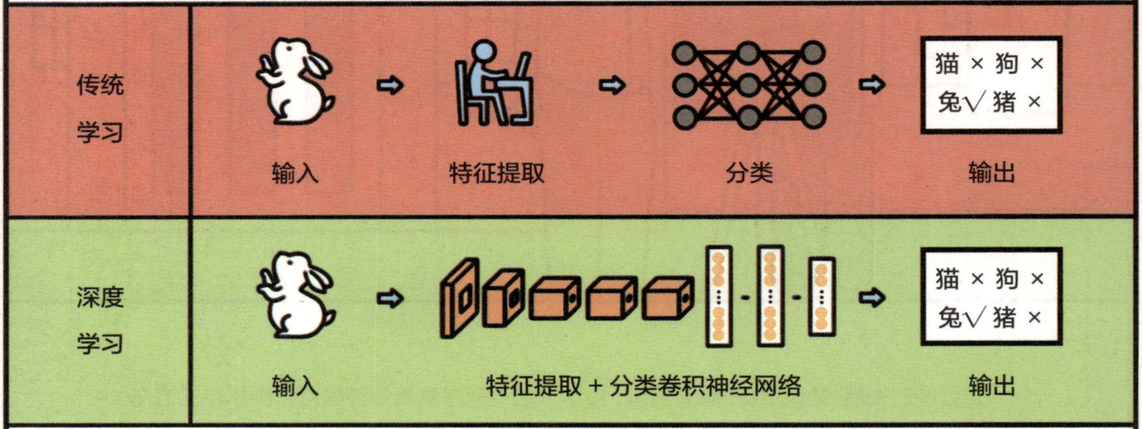

现在的人工智能正不断发展和进步，在自然语言处理、计算机视觉、强化学习、自主机器人等众多领域取得了许多重大的突破和应用。

人工智能的最新成果不断“武装”智能机器人的“大脑”，使得机器人变得越来越“聪明”。

什么是智能机器人呢？智能机器人是一类具备人工智能技术和自主决策能力的机器人。它可以通过传感器感知周围环境，利用算法进行信息处理和决策，从而在不需要人类干预的情况下执行任务。

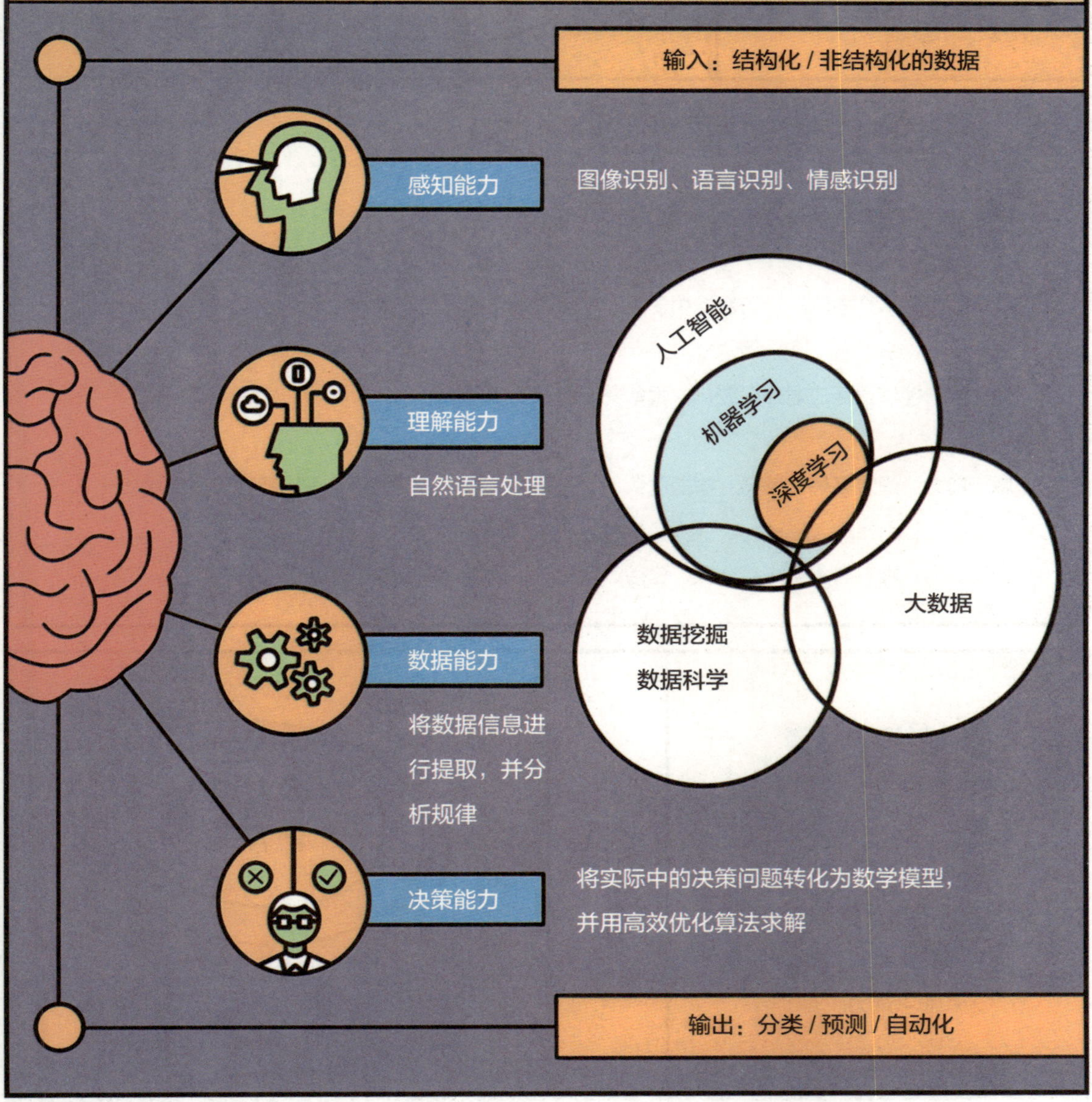

智能机器人通常具备如下“智能”特点。

自主性：根据环境信息，自主地做出决策和行动；

学习能力：从过去的经验和数据中学习，不断改进和优化自己的行为；

适应性：能够灵活应对环境变化，具备一定的智能调整能力；

感知能力：通过各种传感器，如摄像头、激光雷达、声音传感器等，可以感知周围环境；

交互能力：能够与人类进行交互，包括语音交流、图像识别和姿态感知等。

智能机器人实现“思考”的过程主要有以下几种方式。

预先编程方式。智能机器人只是按照事先编好的程序执行任务而已，并不具备真正的思考能力。

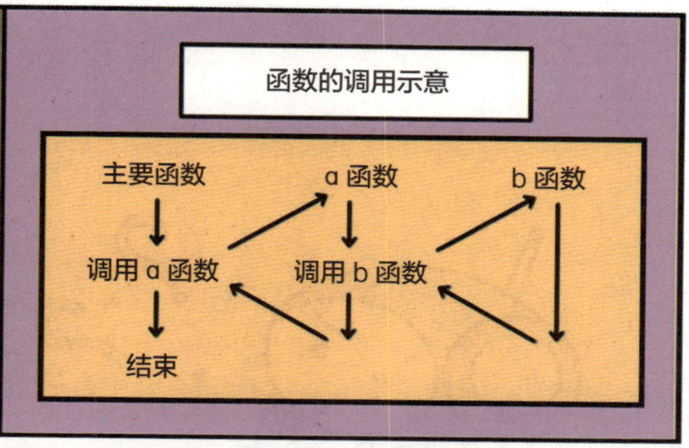

机器学习方式。智能机器人通过机器学习技术从大量的数据中学习和发现规律。这种学习过程看起来有点儿像思考，但实际上机器人只是通过学习和统计得出相应的结果，并不是真正意义上的思考。

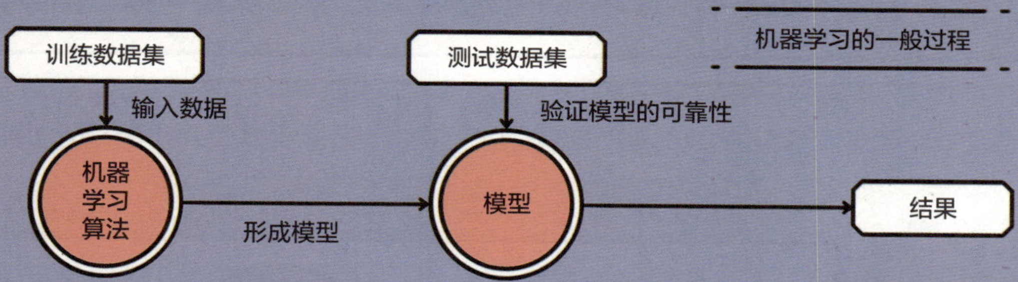

强化学习方式。机器通过试错的方式从环境中学习，并根据奖励或惩罚来调整自己的行为，但仍然是机械的，不能等同于人类的思考能力。

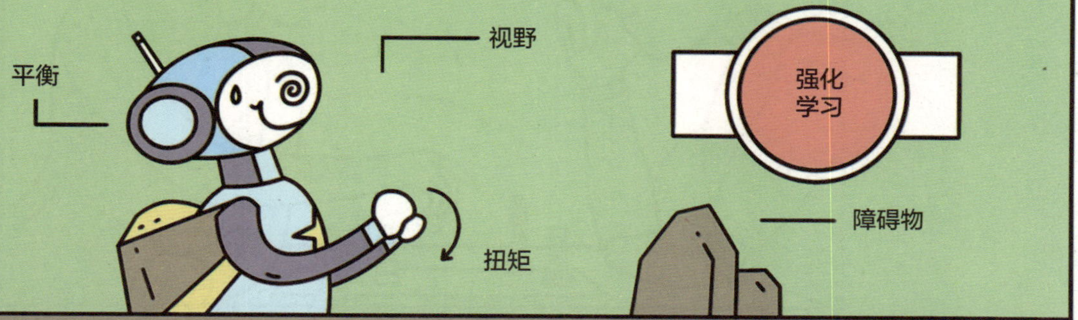

人工智能的研究还在不断取得进展，未来的智能机器人会像人类一样思考吗？这个谜题只能等待小朋友们去解开啦！

科学家们猜测，随着机器人相关科技的快速进步，以及机器人应用领域的不断扩展，未来机器人的发展方向将呈现多样化的趋势。

未来的机器人将更加“聪明”。人工智能技术的持续进步，使得机器人不断具备更强的自主决策能力和学习能力，并能智能化地执行任务。

未来的机器人将更有“感觉”。它们因配备了更多种类的传感器，如视觉、声音、力觉、化学等传感器，从而具备了立体化的感知能力。这将使它们更全面地感知和理解周围环境，增强交互和应对复杂任务的能力。

善于协作的医疗机器人

未来的机器人将更能与人类“协作”。它们可能更多地是与人类进行合作，而不是简单地取代人类。人机协作将推动机器人在工业生产、医疗、服务业等领域发挥更大作用，提高工业生产的效率和人们的生活质量。

未来的机器人将更像某种“生物”。它们局部或整体的设计，可能会受到昆虫、动物或人类等生物体的启发，从而越来越像某种生物，比如外形像人、狗、蜘蛛、蝙蝠等，以便更好地适应不同的用途。

多种多样的仿生机器人

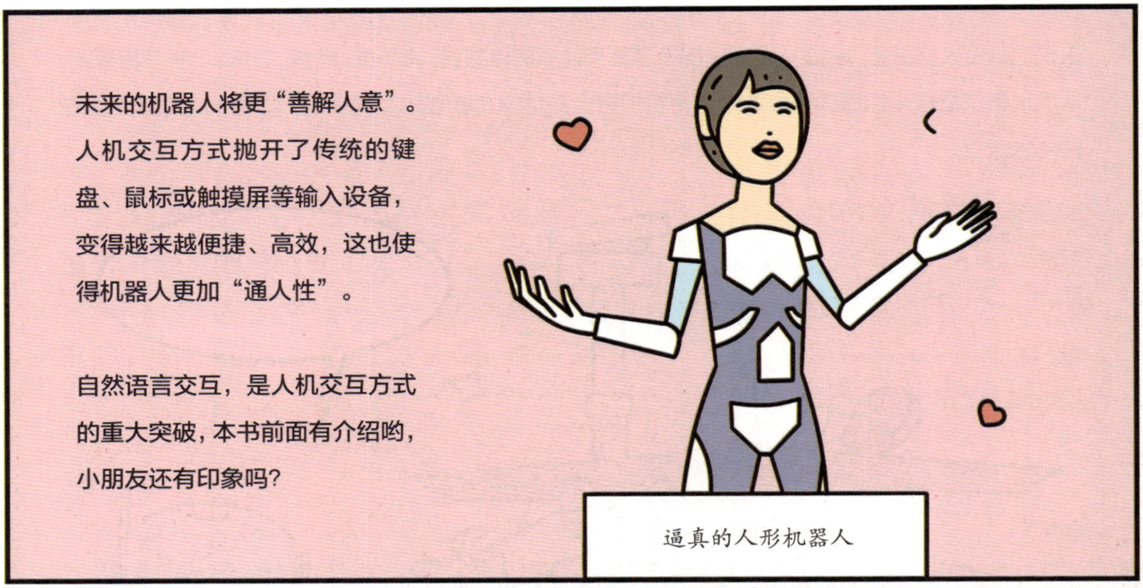
未来的机器人将更“善解人意”。人机交互方式抛开了传统的键盘、鼠标或触摸屏等输入设备，变得越来越便捷、高效，这也使得机器人更加“通人性”。
自然语言交互，是人机交互方式的重大突破，本书前面有介绍哟，小朋友还有印象吗?
逼真的人形机器人

手势交互有时候比语音交互还要方便，机器人通过人们的手势动作就能传达信息和发出指令。手势交互的实现涉及复杂的计算机视觉和图像处理技术，包括手势识别、跟踪和姿态估计等。

未来的机器人将能"群策群力"。一台机器人可以单独行动，几台机器人甚至一群机器人能不能相互配合，共同行动呢？当然能啊！这也被称为"多机器人协同"。多台机器人在一个任务或活动中共同合作和协调，可以完成更复杂的任务，达到更高效的结果。

此外，近年来脑机交互及情感识别等新型的交互技术也取得了突破。

脑机交互是一种通过直接读取大脑活动信号，将人脑与计算机或机器人连接起来的技术。人们可以使用这项技术，通过自己的思维或脑部活动来控制计算机或机器人。这项技术在医疗、娱乐等领域有着广泛的应用。

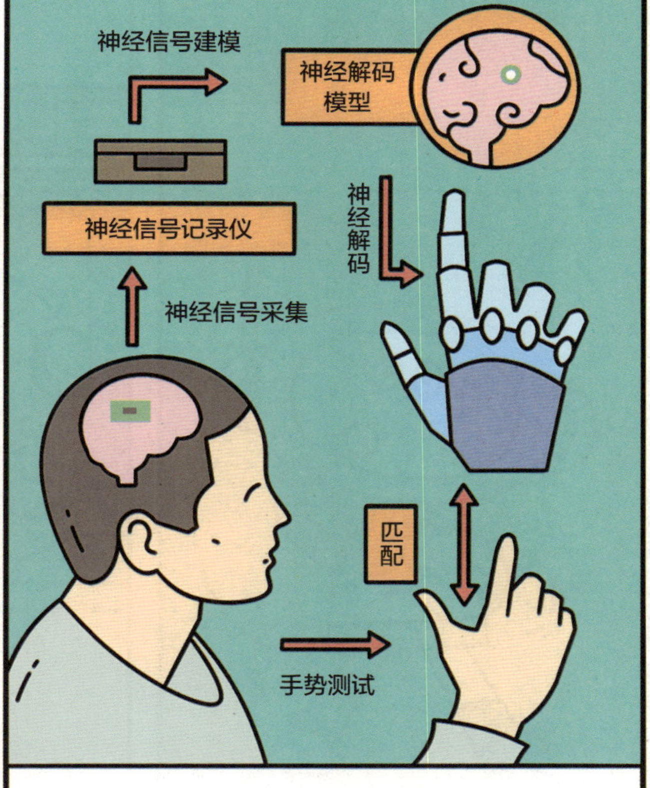

还有一种很特别的人机交互方式，叫作情感识别技术。它能让机器人识别出人的情感状态，如通过面部表情、声音和语调等特征来判断人的情感状态。这种技术在虚拟助手、教育和心理健康领域有着广泛的应用。

另外，随着智能机器人技术的快速发展，机器人伦理学也变得日趋重要。除了第二章中提到的“机器人三定律”，还应确保智能机器人的应用符合社会和伦理准则，避免对人类社会造成负面影响。比如，对个人隐私和数据安全的潜在威胁等。

机器人调用大数据，会不会侵犯人类的隐私呢？

总之，未来的机器人将在各个领域发挥越来越重要的作用，为人类的生产生活带来更多的便利。

智能机器人涉及多个专业领域的交叉，从硬件设计到软件开发，再到多领域的应用，涵盖了各种相关技术和知识。因此，它是一个跨学科的前沿科技领域，需要各领域专业人才的紧密合作。小朋友，将来你会是其中的一员吗？

秒懂未来科技

聪明的人工智能

图蓝 赛启团队◎编著

航空工业出版社

北京

内容提要

《秒懂未来科技》是一套专为孩子们设计的科普读物，它用漫画的形式，将复杂的前沿科技知识生动地呈现出来。这套书致力于向孩子们展示前沿科技的无穷魅力，激发他们对科技的好奇心。通过深入浅出的讲解，让孩子们了解每个科技领域的独特之处，从而点燃他们对科技的热情，启迪他们的梦想。

图书在版编目（CIP）数据

聪明的人工智能 / 图蓝，赛启团队编著．-- 北京 ：航空工业出版社，2024.4（2024.7 重印）
（秒懂未来科技）
ISBN 978-7-5165-3710-7

Ⅰ．①聪… Ⅱ．①图… ②赛… Ⅲ．①人工智能—青少年读物 Ⅳ．① TP18-49

中国国家版本馆 CIP 数据核字（2024）第 060603 号

秒懂未来科技·聪明的人工智能
Miaodong Weilaikeji. Congmingde Rengongzhineng

航空工业出版社出版发行
（北京市朝阳区京顺路 5 号曙光大厦 C 座四层　100028）
发行部电话：010-85672688　010-85672689

艺堂印刷（天津）有限公司印刷　　全国各地新华书店经售
2024 年 4 月第 1 版　　2024 年 7 月第 3 次印刷
开本：787×1092　1/16　　字数：25 千字
印张：3　　定价：168.00 元（全 6 册）

前言

亲爱的小读者：

欢迎来到人工智能的奇妙世界！

上世纪中叶，在一所高校的数学楼里，科学家们提出了一个具有深远影响的议题：机器可以模仿人类的智能吗？这一问题的提出，催生了“人工智能”的兴起。如今，人工智能已经发展成为一门涉及领域广泛、发展前景广阔的热门前沿科学。人工智能就像是传说中的“智多星”，拥有惊人的智慧和学习能力。特别是在移动互联网和智能手机广泛应用的推动下，人工智能给我们的生活和工作带来了极大的便利。未来，随着算力、算法和大数据技术的不断进步，人工智能是否会像人类一样思考呢？

除了“聪明的人工智能”外，《秒懂未来科技》丛书还介绍了其他五个有趣的前沿科技领域。通过生动形象的插图和富有启发性的文字，这套丛书将继续带你揭示神秘的量子世界，展望机器人的未来发展，体验元宇宙的神奇魅力，揭秘生命科学的无限可能，以及探索星际旅行的广阔前景。

亲爱的小读者，《秒懂未来科技》丛书是一套为孩子们精心打造的高品质科普读物，由多位科学家及学者组成的“赛启团队”共同创作。我们希望这套科普读物不仅能够解答你对未来科技的好奇和疑惑，还能激发你的探索欲望，让你在轻松愉快的阅读中，体验秒懂未来科技的乐趣。

愿你在书香中感受科技的魅力，点燃学习的激情，探寻无尽的奇迹！

祝阅读愉快！

赛启团队

2023 年 12 月

目 录

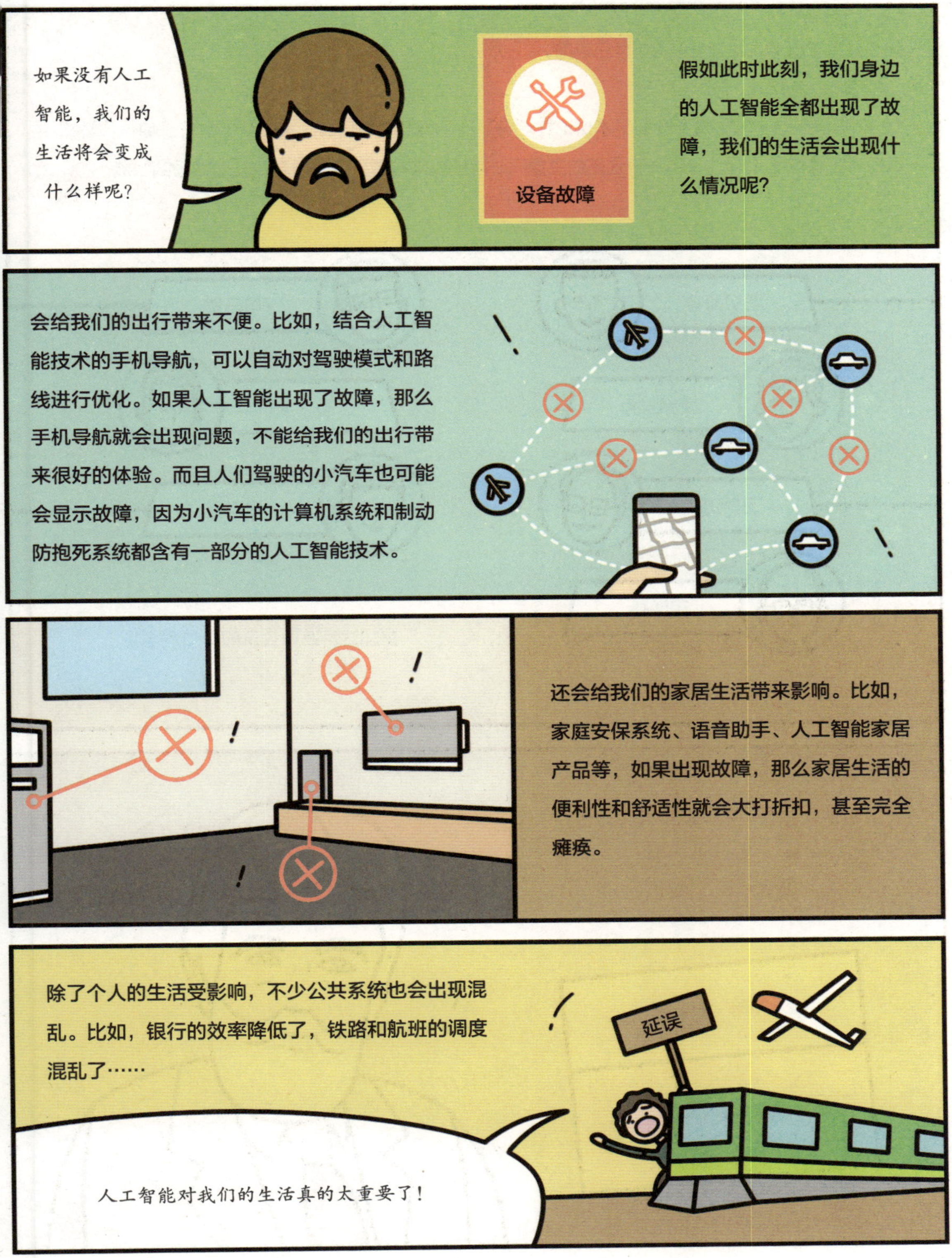
如果没有人工智能，我们的生活将会变成什么样呢？
设备故障
假如此时此刻，我们身边的人工智能全都出现了故障，我们的生活会出现什么情况呢？
会给我们的出行带来不便。比如，结合人工智能技术的手机导航，可以自动对驾驶模式和路线进行优化。如果人工智能出现了故障，那么手机导航就会出现问题，不能给我们的出行带来很好的体验。而且人们驾驶的小汽车也可能会显示故障，因为小汽车的计算机系统和制动防抱死系统都含有一部分的人工智能技术。
还会给我们的家居生活带来影响。比如，家庭安保系统、语音助手、人工智能家居产品等，如果出现故障，那么家居生活的便利性和舒适性就会大打折扣，甚至完全瘫痪。
除了个人的生活受影响，不少公共系统也会出现混乱。比如，银行的效率降低了，铁路和航班的调度混乱了……
延误
人工智能对我们的生活真的太重要了！

什么是人工智能，这还要从 20 世纪说起。

1956 年夏天，一场影响深远的学术讨论在达特茅斯学院数学系所在大楼的顶层举行。数位科学家认真探讨了将近 2 个月，只为一个全新的主题——用机器来模仿人类的学习及其他方面的智能。

参加达特茅斯会议的 7 位科学家

会议的组织者之一约翰 · 麦卡锡给这个主题起了个名字，叫作“人工智能（AI）”。

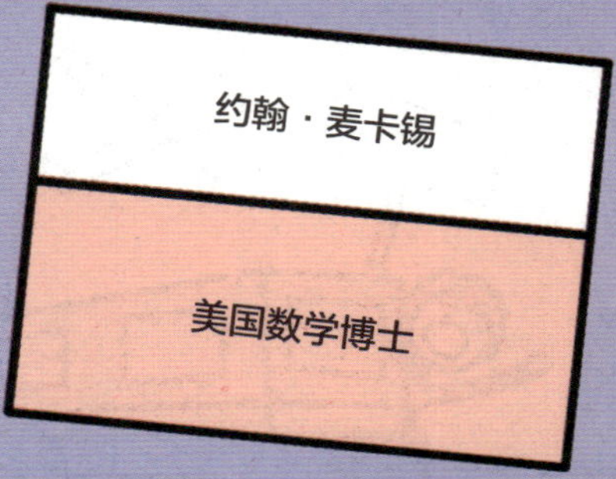

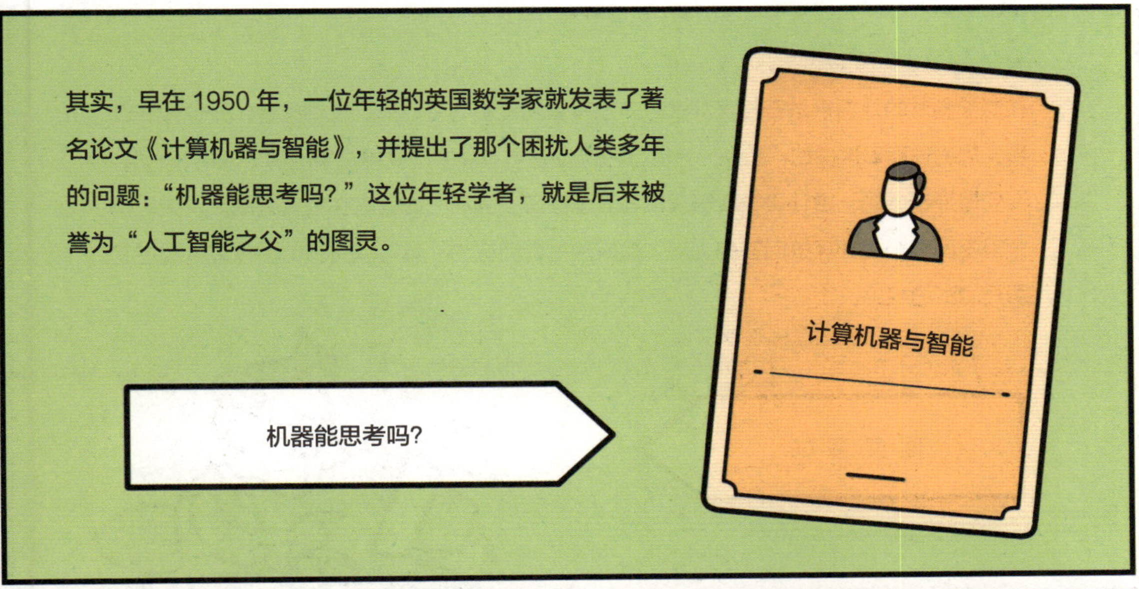
其实，早在 1950 年，一位年轻的英国数学家就发表了著名论文《计算机器与智能》，并提出了那个困扰人类多年的问题：“机器能思考吗？”这位年轻学者，就是后来被誉为“人工智能之父”的图灵。
计算机器与智能
机器能思考吗？

同年，他还提出了著名的“图灵测试”，指出“如果第三者无法辨别人类与人工智能机器反应的差别，则可以判定该机器具备人工智能”。
英国数学家、人工智能之父

在对被测试的计算机进行图灵测试时，还需要两位参与者，即一位询问者和一位被测试者。测试过程是这样的：首先，计算机和两位参与者被分别安排在不同的房间里；然后，询问者提出问题，由计算机和被测试者分别回答；最后，询问者在获得答案后，如果仍分辨不出哪个是计算机回答的，哪个是被测试者回答的，就可以得出此台计算机通过了图灵测试的结论。

此后，人工智能的含义逐渐明确起来，就是让智能机器逐渐具备人类的各项智力技能，包括：听（语音识别等）、看（图像识别等）、说（人机对话等）、思（专家系统等）、学（机器学习等）、行（自动驾驶等）……

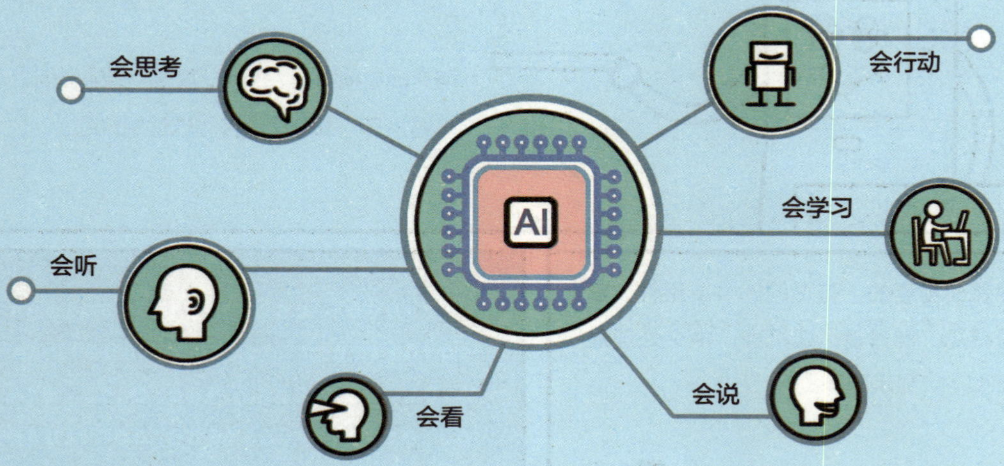

随着研究的逐渐深入，人工智能涵盖的领域也越来越广泛。

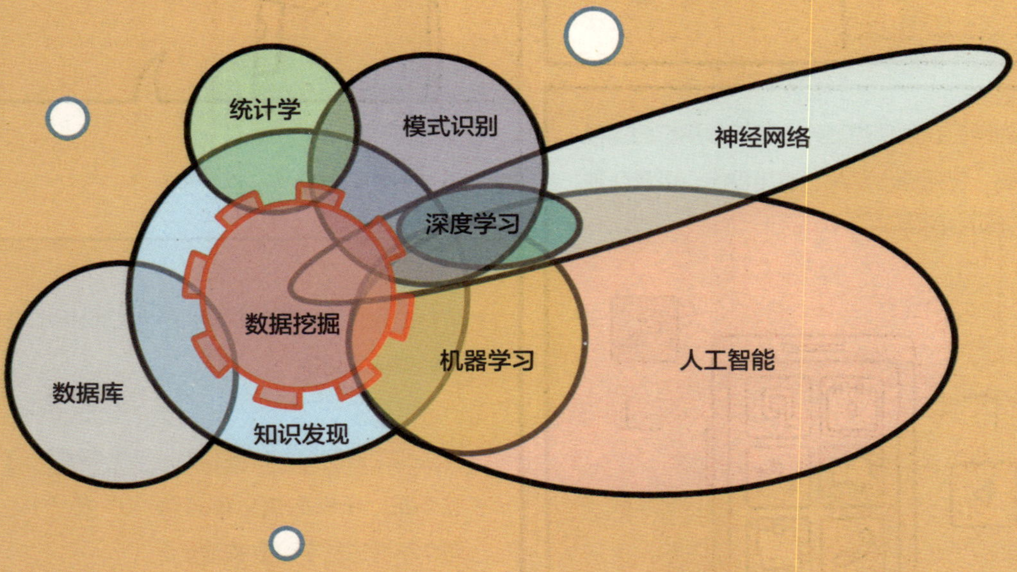

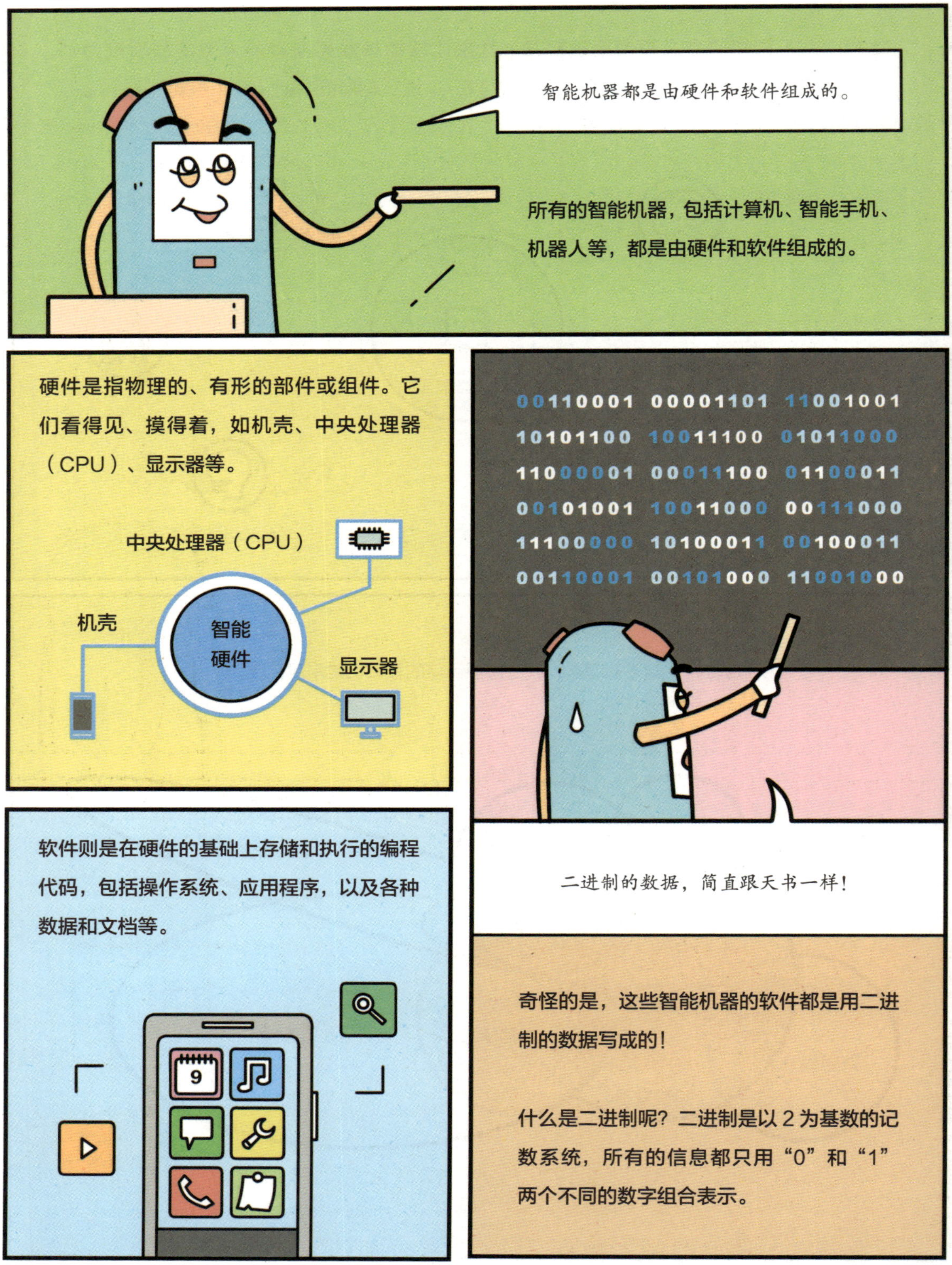
智能机器都是由硬件和软件组成的。
所有的智能机器，包括计算机、智能手机、机器人等，都是由硬件和软件组成的。
硬件是指物理的、有形的部件或组件。它们看得见、摸得着，如机壳、中央处理器（CPU）、显示器等。
中央处理器（CPU）
机壳
智能硬件
显示器
00110001 00001101 11001001
10101100 10011100 01011000
11000001 00011100 01100011
00101001 10011000 00111000
11100000 10100011 00100011
00110001 00101000 11001000
二进制的数据，简直跟天书一样！
软件则是在硬件的基础上存储和执行的编程代码，包括操作系统、应用程序，以及各种数据和文档等。
9
奇怪的是，这些智能机器的软件都是用二进制的数据写成的！
什么是二进制呢？二进制是以 2 为基数的记数系统，所有的信息都只用“0”和“1”两个不同的数字组合表示。

二进制的运算与小朋友学习的十进制的运算有所不同哟。比如，“小智”今年 11 岁，这是十进制的说法，换算成二进制应该是多少呢？用 11 除以 2，把得到的商再除以 2，一直除到得到的商变为 0 为止；然后，将所得的余数从后向前，按顺序排列起来，就是二进制的数字“1 0 1 1”啦。

1 1 ÷ 2 = 5	······	1
5 ÷ 2 = 2	······	1
2 ÷ 2 = 1	······	0
1 ÷ 2 = 0	······	1

智能机器上为什么要采用二进制呢？原因是多方面的，其中比较突出的有以下两点。

一是系统简单，且可靠性高。二进制系统只涉及两种状态，即“0”和“1”。这种简单性使得电子电路的设计、实现和维护更加容易，在传输和处理时不易出错，可靠性高。

二是在计算机的运算中，除了数字运算，还有很多逻辑运算，二进制的简单性更加适合逻辑运算。

随着计算机的广泛应用，二进制数据就像图书馆里的图书一样不断累积增多，这为人工智能的发展奠定了基础。因为人工智能是通过处理和分析大量的数据来实现各种任务、展现智能特征的。在人工智能的发展历程中，专家系统被认为是早期成功的应用之一，是一种依赖数据和知识的人工智能应用。数据在知识获取、推理、决策支持和知识库维护等方面起着关键作用，从而可以帮助人工智能解决特定领域的问题。

1968 年，爱德华 · 费根鲍姆等人创建了首个专家系统。这个系统拥有非常丰富的化学知识，可以帮助化学家推断分子结构。

专家系统利用计算机模型来处理和解释复杂问题，并得出与专家相同的结论，是人工智能的一个重要分支。

2011 年，沃森人工智能计算机系统面世。它是一种高度发展的专家系统。“沃森”的知识储备相当惊人，在美国电视智力竞赛节目《危险边缘》的比赛中，居然击败了两位人类顶尖选手！

2012 年，谷歌知识图谱发布，它是一个由多种信息汇集而成的知识库，能协助使用者更快地找到所需的资料。

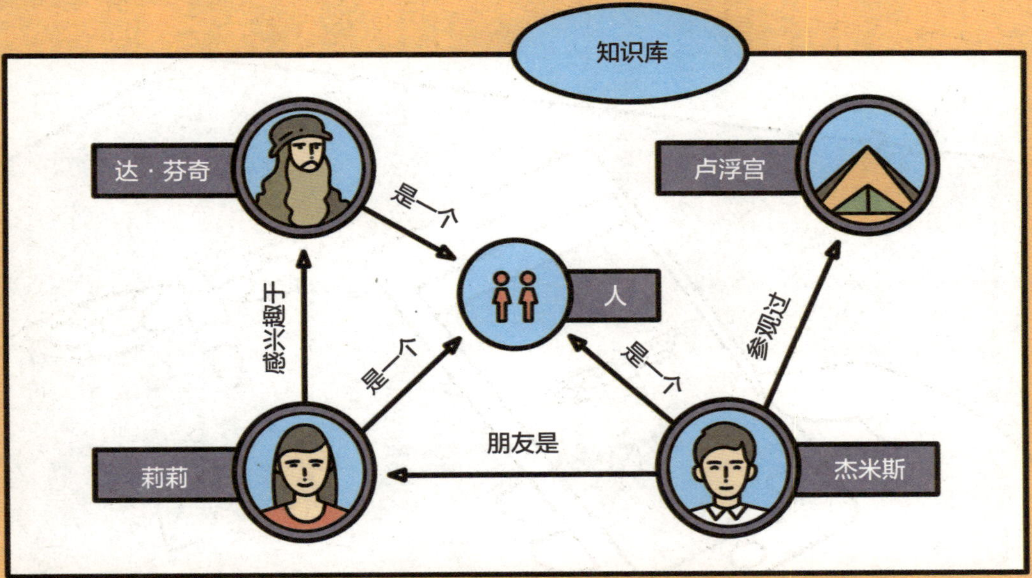

随着语音识别技术、图像识别技术及网络搜索技术的迅速提高，现在的人工智能专家系统的知识储备更加强大。可以说，只要是人类已知的、网络上能找到的知识，它都不怕被问到，而且还能对答如流呢！

小朋友可以使用手机，通过语音识别系统或其他方式问一些科学难题，看看能不能考倒它？或者拍几张花草昆虫的照片，问问它认不认识？试过之后，你一定会惊叹不已！

小朋友对多媒体课件都不陌生吧？这些在我们看来有声有色、有文字有画面的课件内容，在电脑或播放设备的内部都是由二进制数据“0”和“1”组成的。这是因为二进制数据是一切数码产品的通用语言，包括电脑、手机，以及与它们相连的显示器、投影仪、打印机等。

20 世纪 40 年代，通用电子计算机（电脑）问世后，在军事和科研领域发挥了重要作用。20 世纪 60 年代末，美国军方有了将电脑连接起来用于军事通讯的需求，后来这种连接又被扩大到了高校和研究机构，这便是今天互联网的前身。

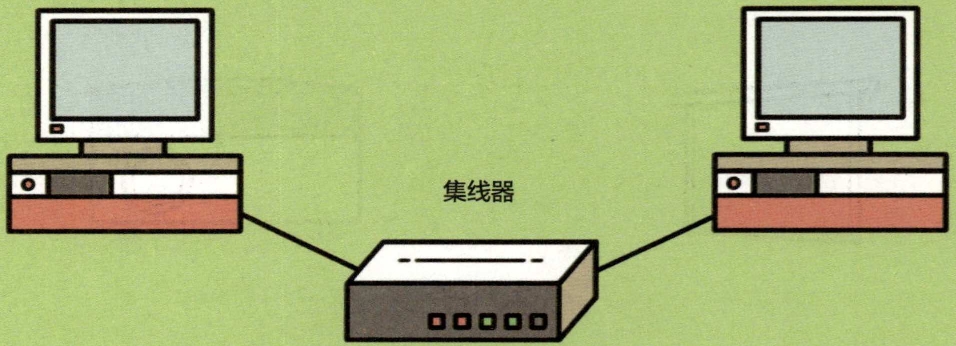

20 世纪末，商业网络和企业之间的连接迅速发展，全世界的电脑逐渐串连成了一个庞大的网络系统，它就是互联网！

互联网是一个连接和共享数据的全球性网络，使得信息传递极为便捷，被称为“信息高速公路”。

通过互联网，人们可以在世界各地传输和共享各种类型的数据，包括文本、图像、音频、视频等。每一台连接互联网的电脑，在使用互联网数据的同时，也在为互联网创造新的数据。因此，互联网的发展导致大量的数据产生，它们具有规模庞大、多样化和高速产生的特点，通常被称为“大数据”。

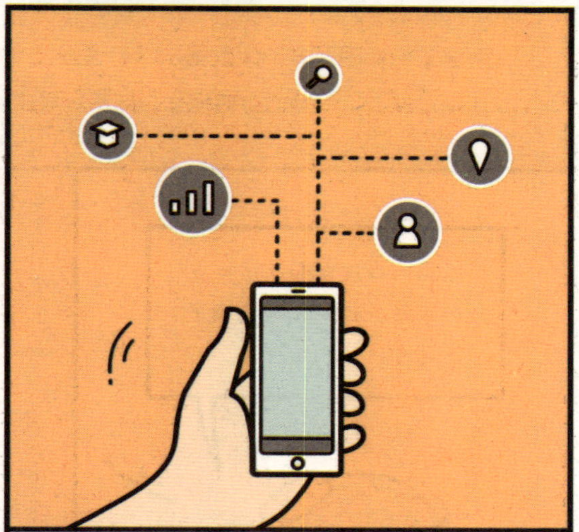

智能手机越来越普及，人们日常的社交互动、在线交易、位置信息等，都在贡献着“海量”的大数据。另外，城市的环境数据、工厂的生产数据、物流的运输数据、研究机构的科研数据，以及气象数据、交通数据、金融数据等，每分每秒都在不断积累。

大数据就像一条不断增长的大沙河，里面散落着一些“金沙”，可是“大沙河”里面的“沙子”总量太过巨大，实在无法用传统方法提取。

那么，有办法挖到这些“金沙”吗？当然有！

科学家们发明了多种大数据技术。这些技术和方法使得人们能够处理和分析海量的数据，并从中发现有价值的信息和模式，用于科学研究、商业分析等领域。

可见，大数据技术催生出了新的人工智能方向，为人工智能提供了必要的训练和决策支持数据。

人工智能与大数据的结合，使得诸多行业都出现了革命性改变。

比如，在智慧农业的应用中，农户可通过传感器测量当地不同季节的水温、水质、土壤元素含量、天气变化等数据，结合大数据分析，判断当地适合种植什么样的粮食或果蔬作物。

在电子商务公司的运营中，商家可以分析用户的购买历史、浏览行为和偏好，实现个性化推送，提高销售效率和用户满意度。

在网约车的呼叫中，平台公司分析乘客和司机的位置数据，实现智能调度和路径优化。

如今，人工智能还在不断地创造新的应用机会，帮助人们更好地利用大数据来解决问题和创造价值。

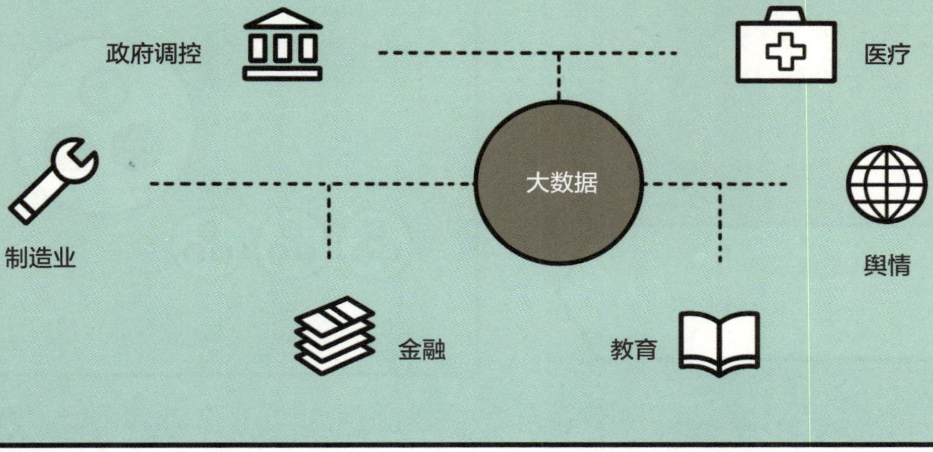

计算机虽然被称为“电脑”，但本身并不具备像人类一样真正的智能，因为它只能按照人的指令或者编好的程序才能工作。

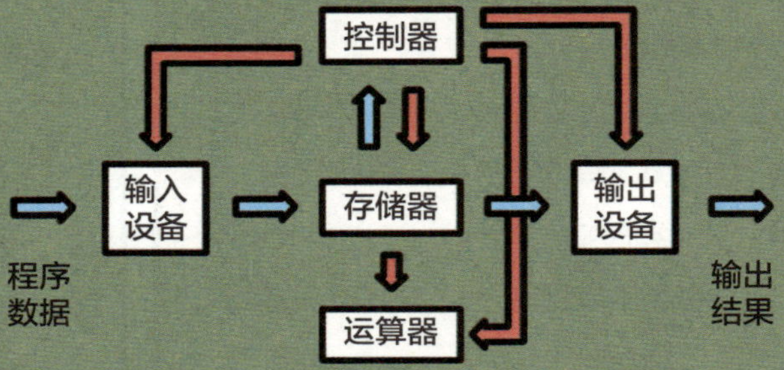

电脑的工作流程

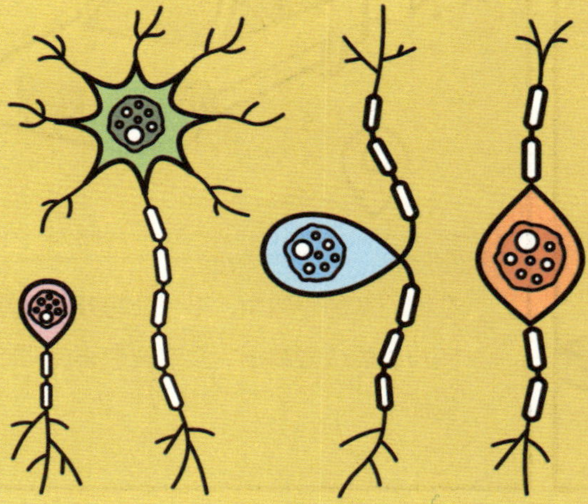

那么，怎么样才能让电脑像人类大脑一样思考呢？这就需要先了解一下人类大脑的思维模式了。人类大脑中参与思考的细胞，叫作神经元，它的数量非常庞大，总共大约有 300 亿个。

不同形状的神经元

不过，神经元一般都是“组团”工作的，科学家们发现每个工作单元（“模式识别器”）大约由 100 个神经元组成。因此，人类大脑中共有约 3 亿个模式识别器。

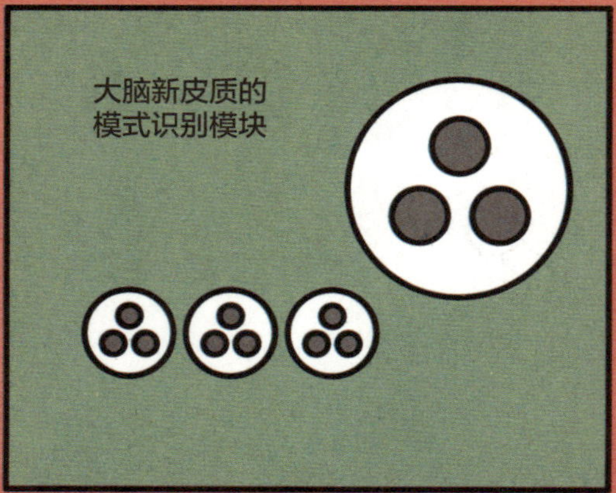

模式识别器示意：每个黑点代表一个神经元。

人工智能的模式识别器是如何工作的呢？简单地说，模式识别器是按照“层级关系”排列的，信息识别的顺序是从低层级模式识别器流向高层级模式识别器，分层进行识别的。神经网络一般由三层模式识别器构成，包括输入层、隐含层和输出层。

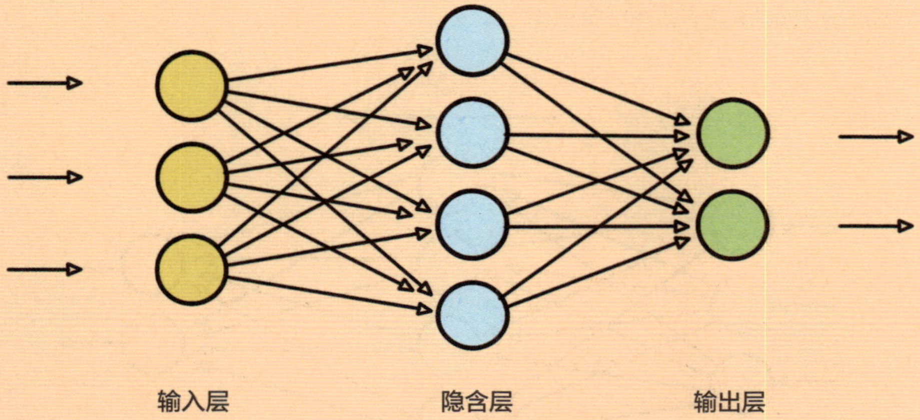

人类大脑在实际工作时要比这个过程复杂得多：信息流向上激活模式识别器的同时，还会向相邻的模式识别器传递预测信息，在这一瞬间，大脑就会调集数以百万计的模式识别器同时工作，考虑输入的最终结果。

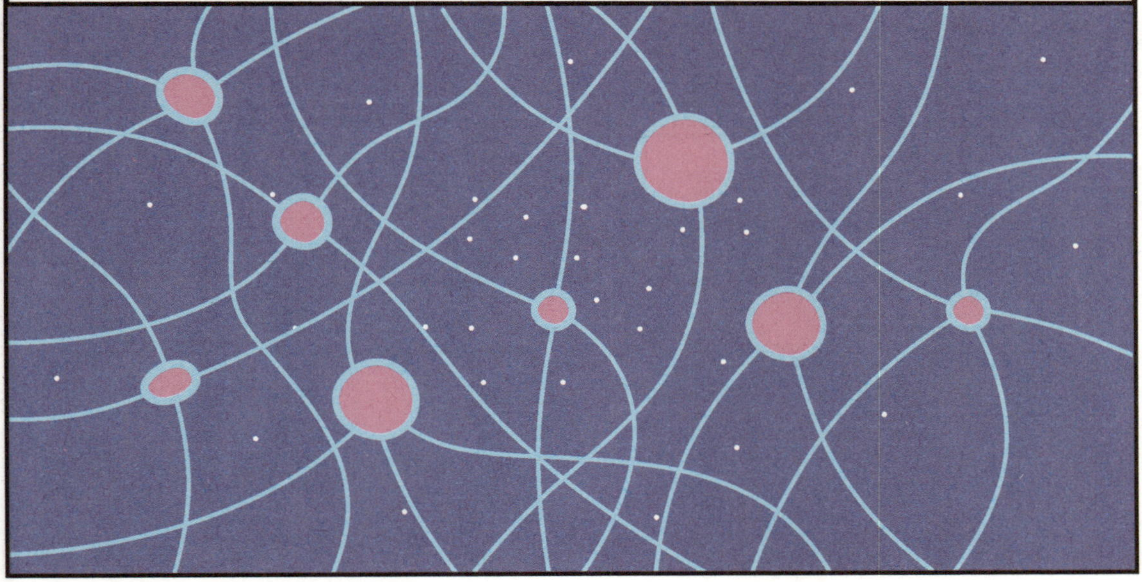

另外，在神经元模式识别器中，信息既可以向上传递以激活高层级模式识别器，又可以向下传递以获得该层级更准确的识别。当向下传递时，信息为了达到准确识别的效果，需要调整其内部参数，但一次调整显然是不够的。信息经过多次循环后，参数逐渐接近某个特定值，识别也逐渐从模糊中清晰起来，最终实现准确识别。

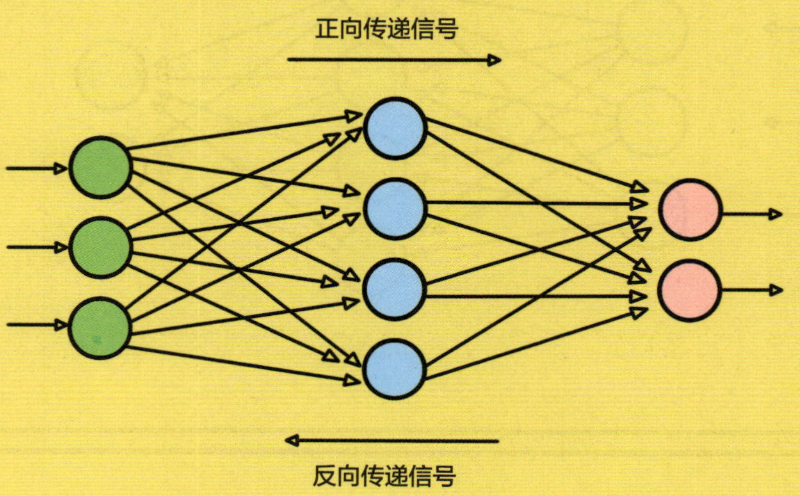

比如，在语音识别的过程中，先将语音转化成文字，再把文字转换成合成语音播报出来，就需要用到循环语音识别技术，以提高语音识别的准确性。

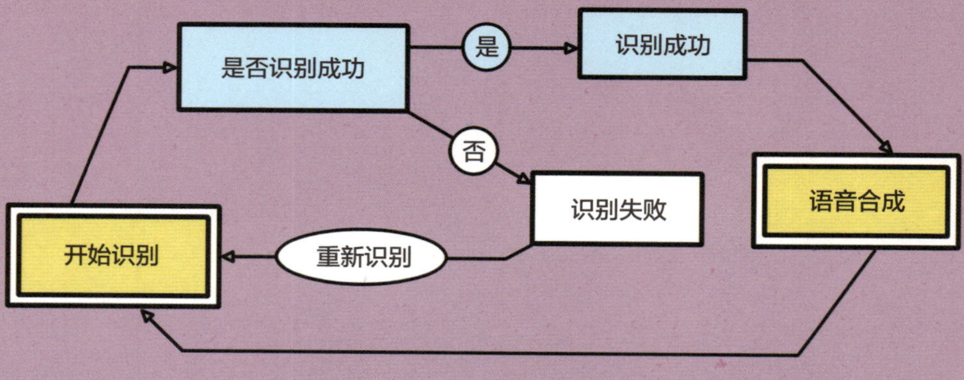

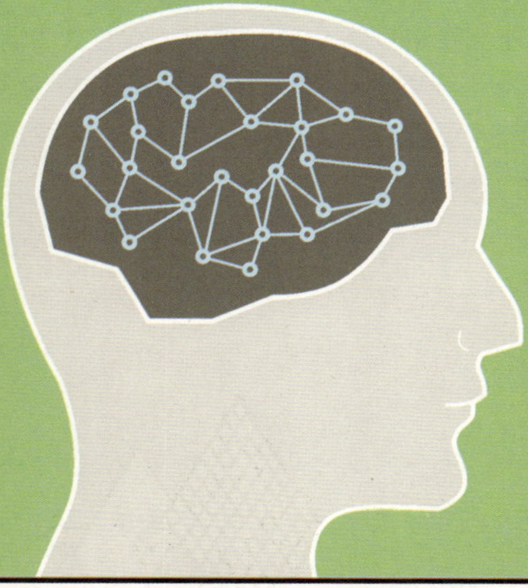

大脑的结构和运作模式促进了虚拟神经网络的开发。虚拟神经网络是指模拟人类大脑神经网络结构和功能的计算模型。它可以模拟神经元之间的连接和信息传递的过程，从而获得接近大脑运作方式、学习机制，以及认知功能的人工智能。

1982 年，最早的虚拟神经网络问世。它由物理学家霍普菲尔德提出，因此被称为“霍普菲尔德神经网络模型”。它受到生物神经网络的启发，可以模拟和理解人类大脑信息存储和检索的过程。

霍普菲尔德神经网络模型的出现振奋了整个人工智能领域。随后，科学家们陆续开发出多种虚拟神经网络模型，每种模型各有所长，有擅长图像识别的，有擅长自然语言处理的……

以卷积神经网络为例，通常由输入层、卷积层、激活函数层、池化层、全连接层和输出层组成。卷积层负责提取图像中的局部特征；池化层用来大幅降低参数的数量；全连接层类似传统神经网络的部分，负责将前面的层次提取出的特征进行整合，并生成最终的输出结果。

卷积神经网络处理图像的过程

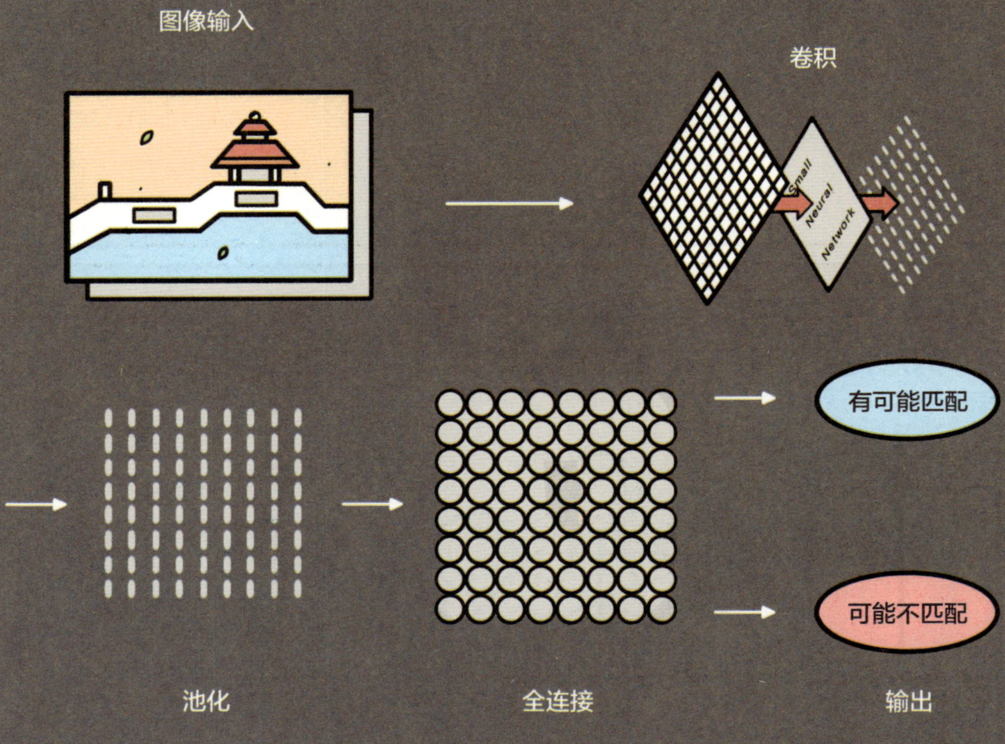

虚拟神经网络是人工智能领域的一个关键组成部分，更是模拟人类大脑工作方式的计算模型。虚拟神经网络的长足进步，使得人工智能在处理某些复杂任务方面变得游刃有余，如图像识别、自然语言处理、语音识别等。

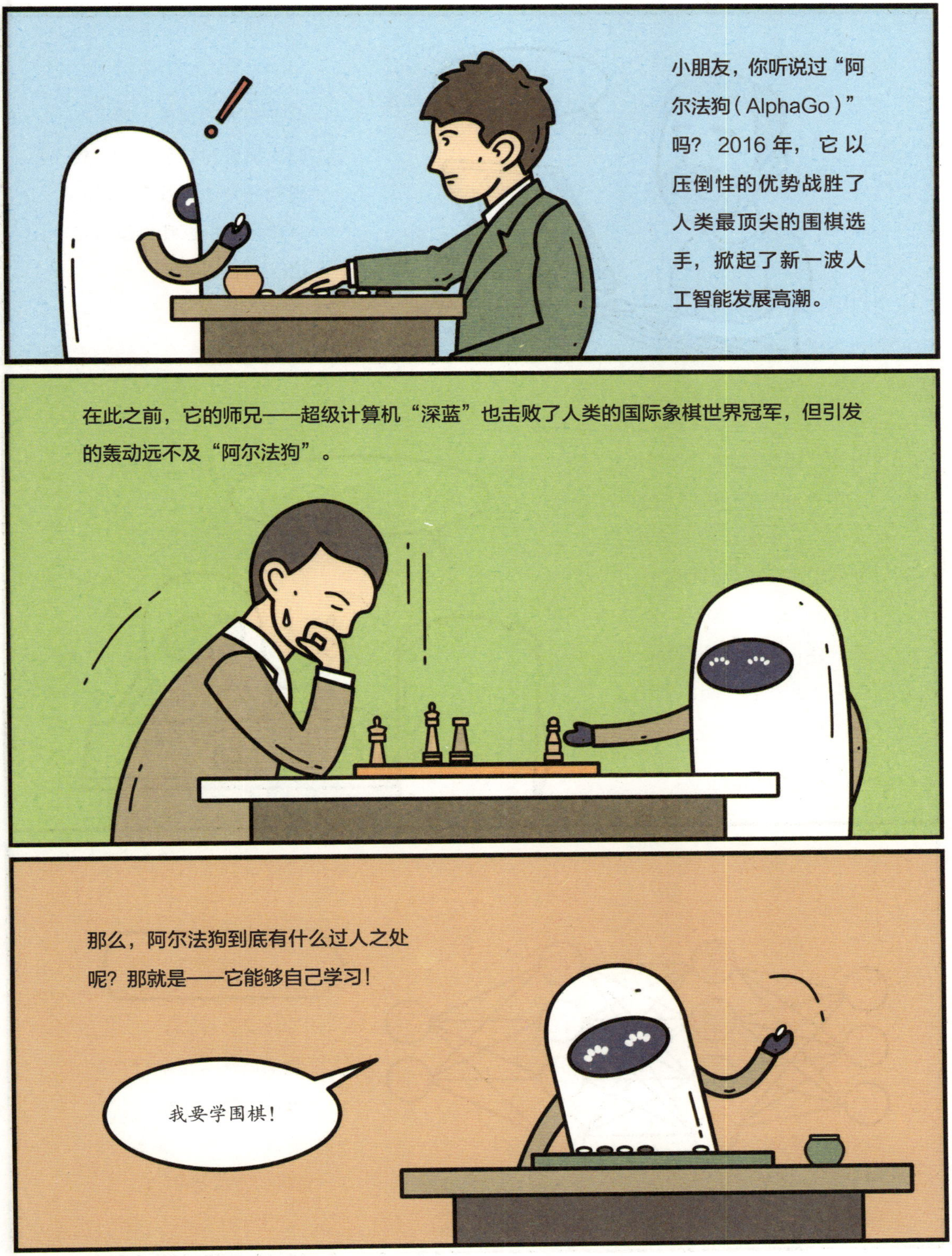
小朋友，你听说过“阿尔法狗（AlphaGo）”吗？2016 年，它以压倒性的优势战胜了人类最顶尖的围棋选手，掀起了新一波人工智能发展高潮。
在此之前，它的师兄——超级计算机“深蓝”也击败了人类的国际象棋世界冠军，但引发的轰动远不及“阿尔法狗”。
那么，阿尔法狗到底有什么过人之处呢？那就是——它能够自己学习！
我要学围棋！

C++
此前的人工智能，都是科研人员针对某项技能，先研究好方法和程序，再将其转化为机器能够理解和执行的动作。
针对“阿尔法狗”，科研人员并没有交给它下棋的套路，只是丢给它一套全新的学习方法和一堆棋谱，让它自己琢磨、自己学习。刚开始，它还错误百出，但它进步极快，转眼就无师自通，成为围棋高手了。
高手哇，学得这么快！
深度学习
看来还是这套学习方法厉害！不错，这套机器学习方法就叫“深度学习”。

我们先来回顾一下第四章所讲的内容，科学家们发明了很多种“虚拟神经网络”来模拟人类大脑，从而产生了“机器学习”。

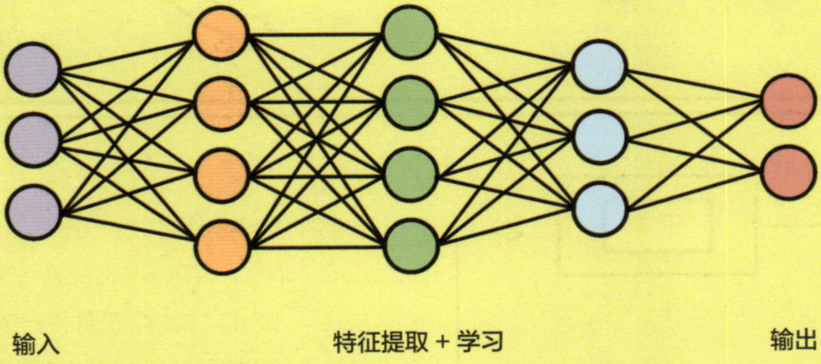

后来，科学家们又发现，这样的神经网络多叠加几层，机器学习的效果更佳。一层套一层的神经网络增加了算法的深度，这就是深度学习的由来。人类大脑皮质的神经网络层次大约有 6 层，而深度学习网络可以有上百层。

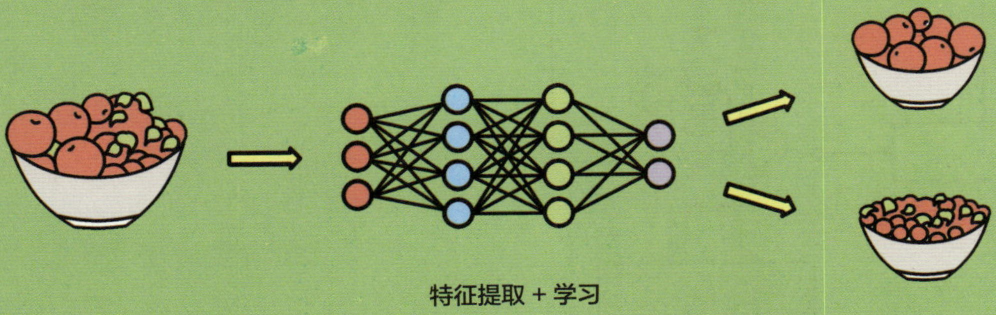

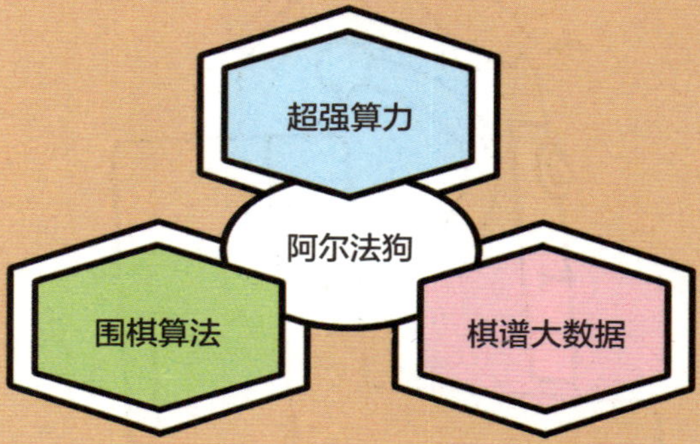

当然，“阿尔法狗”还得益于大数据和计算机强大算力的加持。因为大数据的存在，“阿尔法狗”可以在半年里学习 3 000 万步人类围棋大师的走法；因为拥有强大算力，“阿尔法狗”一秒就能自我对弈数百盘棋。

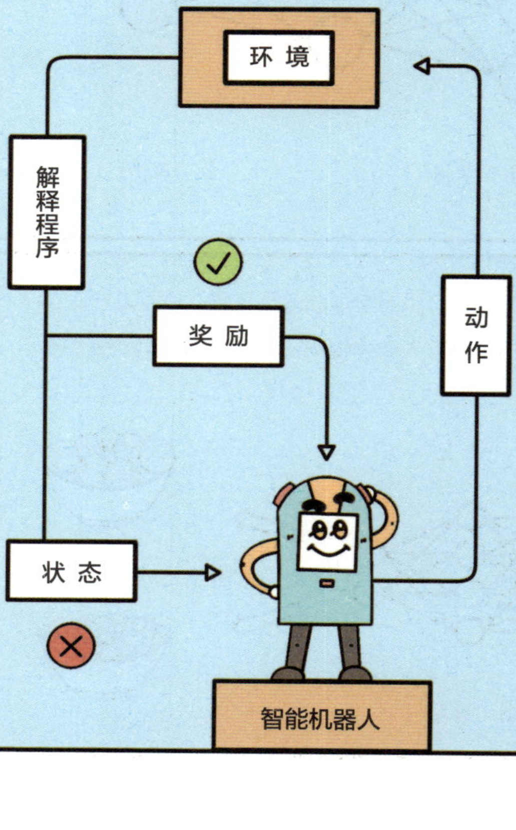

一年后，“阿尔法狗”的“晚辈”（AlphaGo Zero）问世，仅用 3 天时间就战胜了“阿尔法狗”。这位“晚辈”又身怀什么绝技呢？那就是——更多地采用了强化学习算法！

强化学习算法更接近人类“模糊判断”的思维模式，使得计算机能够像人一样完全通过自主学习掌握一项技能。

“智能机器”会在没有任何指导的情况下尝试“动作”，向“环境”学习，得到一个结果，由“解释程序”判断学习结果的对错。如果结果正确，则“解释程序”给予“奖励”反馈；如果结果错误，则“调整状态”参数，重新“动作”，通过不断循环调整，最终“自学成才”。

从“阿尔法狗”到 AlphaGo Zero，人工智能在棋类比赛中一下子就“武功盖世”了。小朋友会不会担心，人工智能很快在各方面就该取代、打压人类了呢？

不必多虑！深度学习是以大量数据驱动的方式解决复杂问题的，实际上使用的还是“蛮力”。而强化学习对数据更加“饥渴”，需要更多的数据供其“自学”，这就极大地限制了它的应用领域。

人工智能在大数据分析、高等数学运算等计算领域展现出了卓越的能力。不过人工智能也有弱点，比如在区分小猫和小狗、看图说话等简单问题上，还不如幼儿园小朋友呢！

现在已经出现了一些可以与人类进行对话的机器，比如各类智能音箱、智能家居、酒店里的服务机器人……它们能听懂并执行你的指令，对于很多深奥的知识也能有问必答。小朋友，你跟它们聊过天吗？

可是，与机器进行对话时，它们的表现总让人感觉有些生硬。如果小朋友们再问些复杂的句子，它们就有些词不达意了。

正因如此，人工智能曾一度被人们嘲笑为“人工智障”。

这是为什么呢？原来，传统的聊天机器人看起来很“智能”，但实际上只是在答案库中选择早就编写好的答案而已。聊天机器人理解了用户话语的意思后，就会在答案库中调取相应的答案，再翻译成自然语言播报给用户。因此，它们只能按照字面意思给出机械的回答，无法将上下文连贯起来理解，形成善解人意的话语。

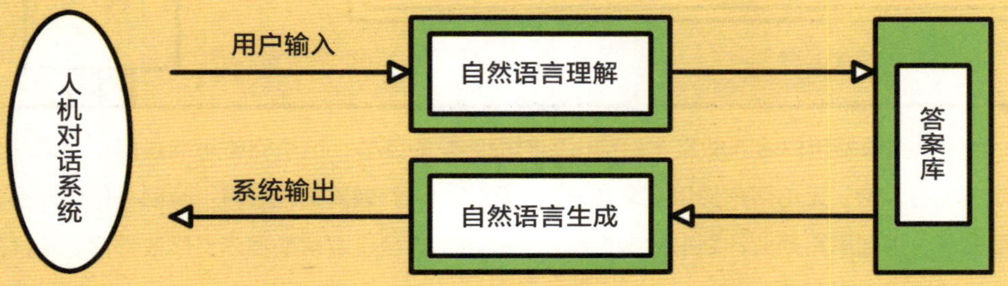

2022 年年底，一款用于对话的语言模型——ChatGPT，突然火爆全球，上线仅两个月就吸引了上亿用户使用，这说明它确实足够“聪明”！

ChatGPT 能根据用户输入的文字，给出即时而智慧的回答，这个回答可能是简短的词语，也可能是长篇大论。无论用户使用英文还是其他语言，它都能流畅地应对：从回答历史问题，到编写故事，再到撰写商业计划书或者进行行业分析，甚至还能帮助程序员修改程序。这样的表现，足够接近人类了吧？

ChatGPT 是怎么做到如此“智慧”的呢？它的“智慧”是通过多个方面的技术和方法充分协作来实现的，主要有自然语言处理技术、深度学习算法、大规模语料库、人类教练等。例如，GPT-3 是一个巨大的自然语言处理模型，拥有 1 750 亿个参数。

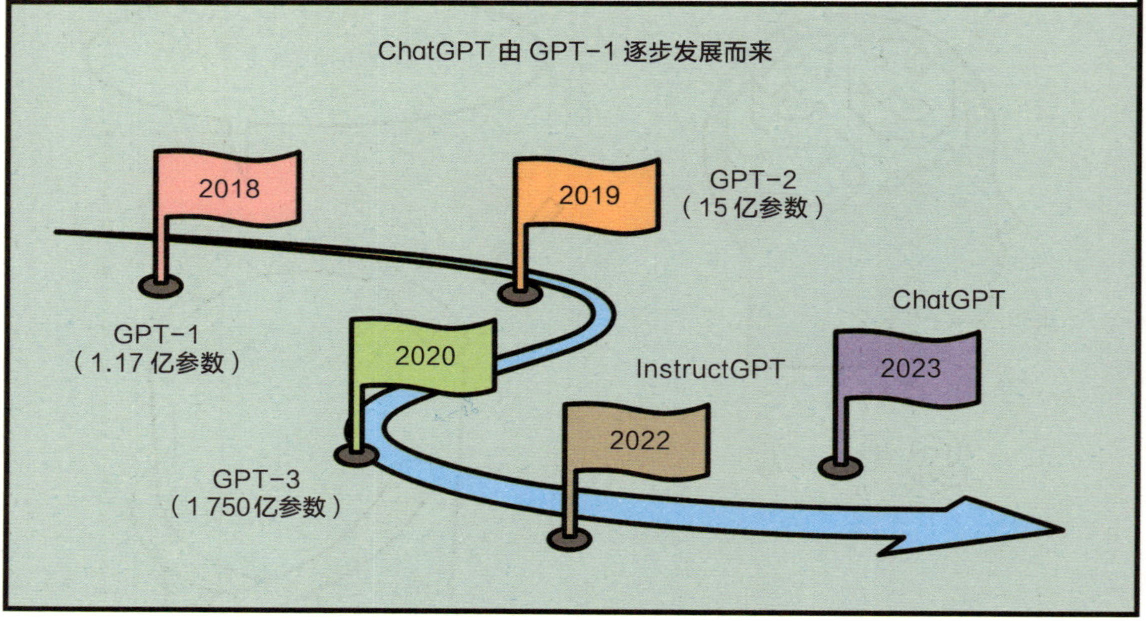

ChatGPT 建立在 GPT 架构之上。GPT 是生成式预训练语言模型的缩写。也就是说，使用者接触 ChatGPT 之前，它就已经自主地从大量的文本数据中学习和理解自然语言。

通俗地讲，就是小朋友在认识它之前，它就已经是一位学富五车的语言大师啦！因为提前做足了“功课”，因此它与人交流起来总显得自然而流畅。

生成式，就是根据给定的问题生成连贯、自然的文本。

预训练，是一种机器学习方法，就是在大规模数据中找到有用的信息。

另外，ChatGPT 在对话过程中还会记住使用者先前的对话信息，拥有较强的上下文理解能力，当使用者再次与它对话的时候，它的对话就会更加连贯自然。

ChatGPT 还采用人类教练来提高模型性能，增强机器学习效果，获得更逼真的结果。

在模型预训练完成后，通常需要用到一些有标注的数据集进行微调，这些标注数据可以通过人工标注获得。具体步骤为：选择问题、人工编写答案、在 GPT 上做微调模型。

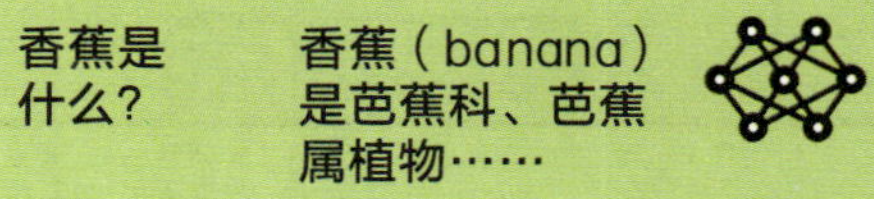

ChatGPT 与传统的聊天机器相比，具有学习能力强、上下文衔接顺畅、对话流畅及语义理解准确等方面的优势。这些优势使得 ChatGPT 在自然语言处理和人工智能领域有着广泛的应用前景。

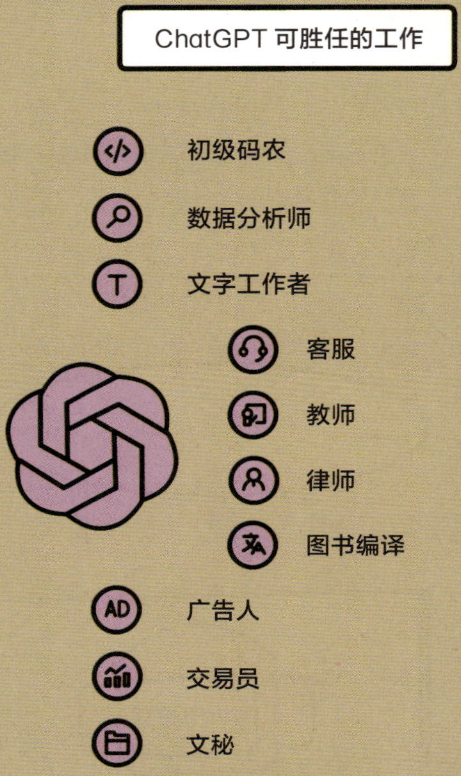

2023 年 8 月 31 日，百度“文心一言”大语言模型向全社会开放。据百度介绍，它能与人对话互动、回答问题、协助创作，高效便捷地帮助人们获取信息、知识和灵感。不过，究竟如何，还有待小朋友们去体验。它是中国版的 ChatGPT 吗？

第五章介绍了两种重要的机器学习方法，小朋友，你还有印象吗？

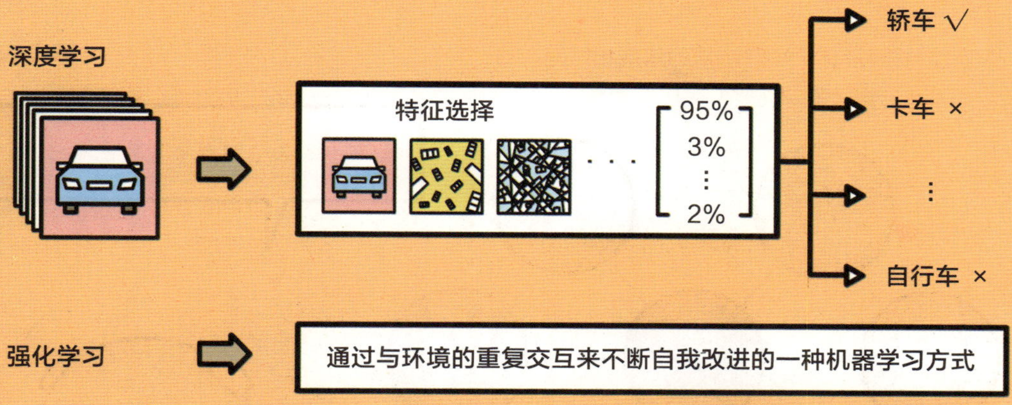

过去几年，因人工智能在深度学习和强化学习方面的突破，催生出了一个非常复杂而尖端的领域——自动驾驶技术。

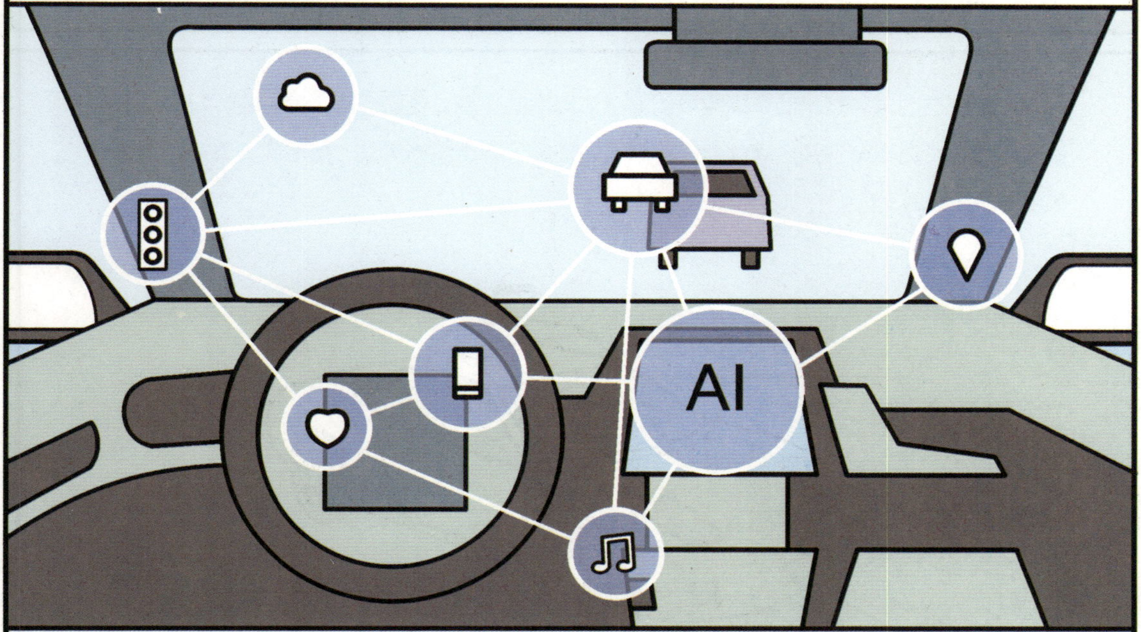

随着社会的不断发展，生活节奏的加快，人们掌握驾驶技术已成为不可或缺的基本技能。但是，人们在学车时需要耗费很多精力和时间，开车时更要全神贯注，而且当面对复杂的路况，稍有疏忽就可能酿成事故。

驾驶汽车这个过程这么复杂费神，人工智能真的能够自主完成吗？这正是自动驾驶技术所追求的！

自动驾驶涉及多个关键技术的集成和协同。

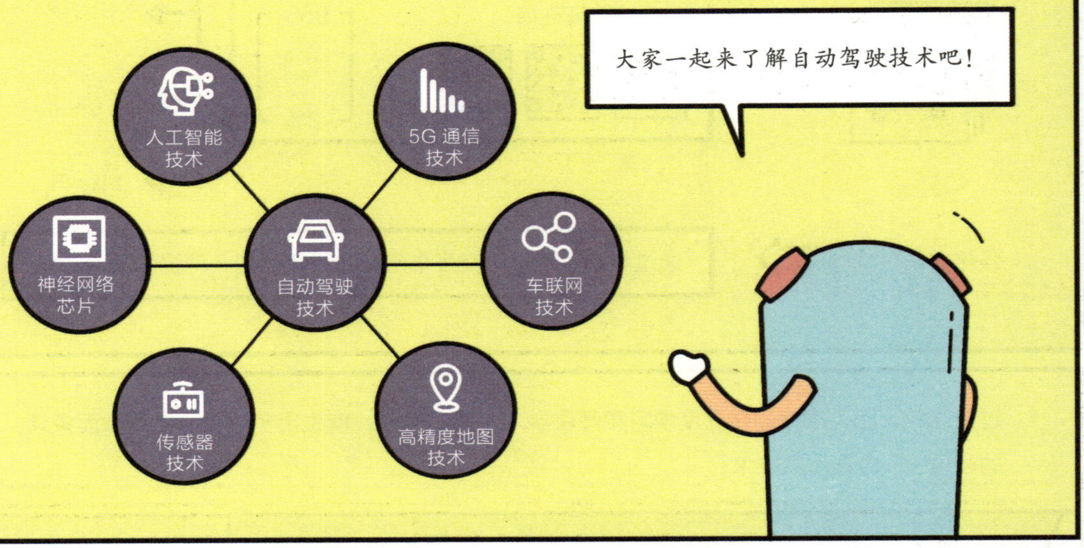

首先，拥有自动驾驶技术的车辆需要能够感知周围的环境，包括道路、障碍物、行人、交通信号等。看看遍布车顶和四周的各种传感器，你能分辨出激光雷达、摄像头、毫米波雷达、超声波传感器吗？

其次，拥有自动驾驶技术的车辆需要通过卫星导航系统对车辆进行精确定位，同时结合地图数据进行合理的路径规划。

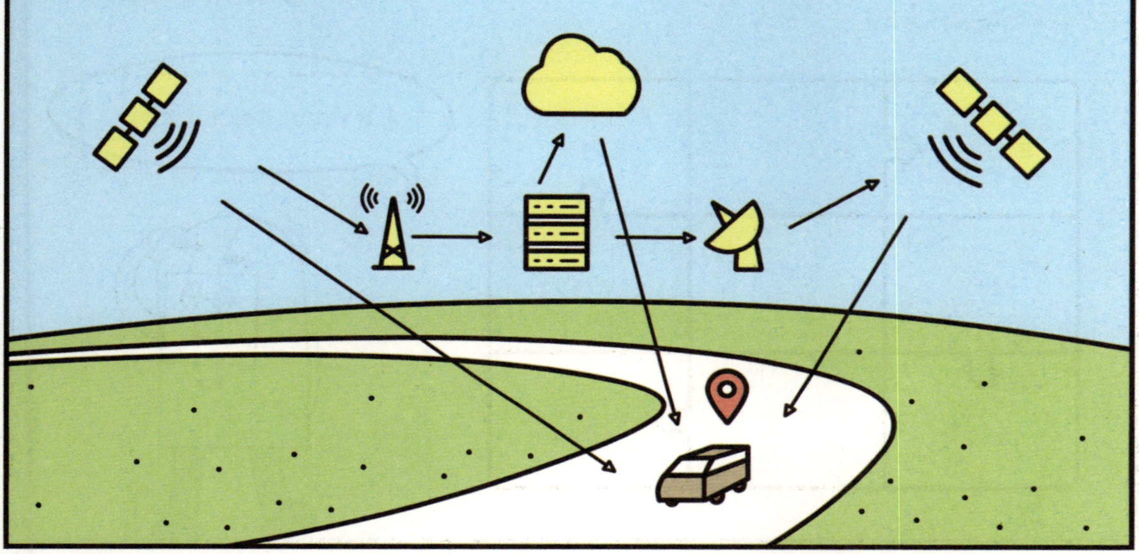

再次，拥有自动驾驶技术的车辆需要做出实时决策，包括调整路径、控制车速、变换车道、躲避障碍等，在车辆做出这些动作时，还要保证车辆安全、平稳行驶，这需要强大的机器学习能力！

另外，拥有自动驾驶技术的车辆还具备强大的人机交互功能，包括图像、声音、手势等多种交互手段，以便乘客实时监控车辆、感知异常情况、紧急切换到人工驾驶状态等，以确保驾驶过程中的安全。

拥有自动驾驶技术的车辆不仅要与驾乘人员保持有效沟通，还要能随时与外界环境互动，以确保行驶更加安全和顺畅。自动驾驶车辆与周边车辆、行人、交通信号灯及互联网的信息交互，又叫作车联网技术。

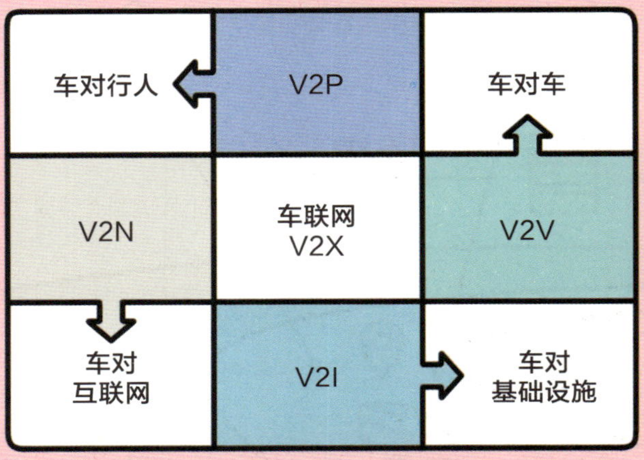

然而，现实中总是难免出现恶劣天气、意外障碍及复杂的城市交通等状况，万一自动驾驶系统出现局部损坏或短暂失灵怎么办呢？此时，拥有自动驾驶技术的车辆如果可以车对车通信，与附近的车辆进行实时联系，将能获得及时的援助，从而避免一些事故的发生。因此，车对车通信能有效解决这一安全性难题。

车对车通信系统由一套无线网络构成，车辆之间能够通过它来传递信息。在正常驾驶过程中，拥有自动驾驶技术的车辆可以实时了解其他车辆的动向，也能提升自动驾驶的安全性。

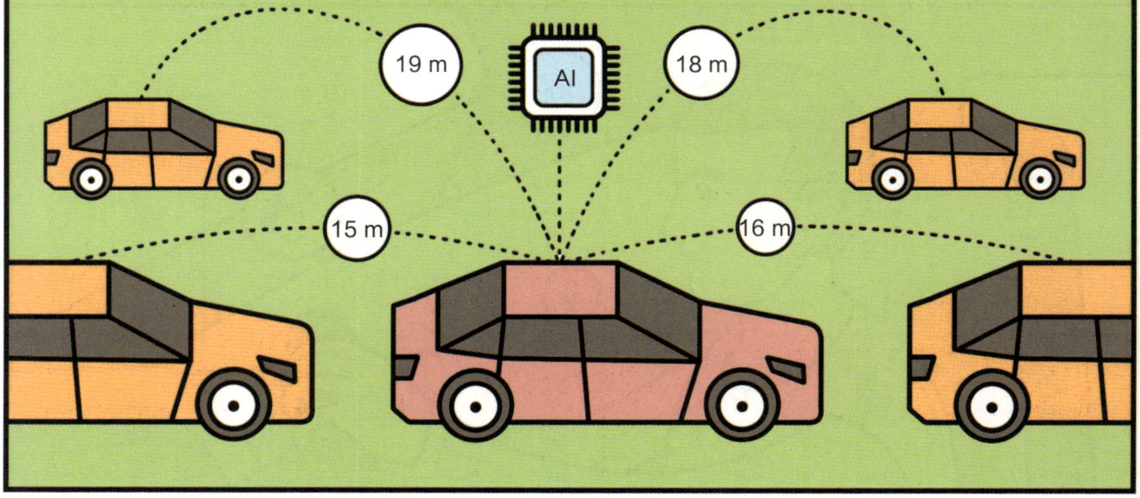

刮风的时候，小朋友要是躲在妈妈的身后，是不是感觉风力马上就减小了？同样的道理，高速路上正在使用自动驾驶技术的货车要是排成一个紧密的车队，第一辆车需要用力“破风”，跟在后面的货车才能节约能耗和成本，还能节省司机的费用。因此，近年来，自动驾驶货车产业得到了迅猛发展。

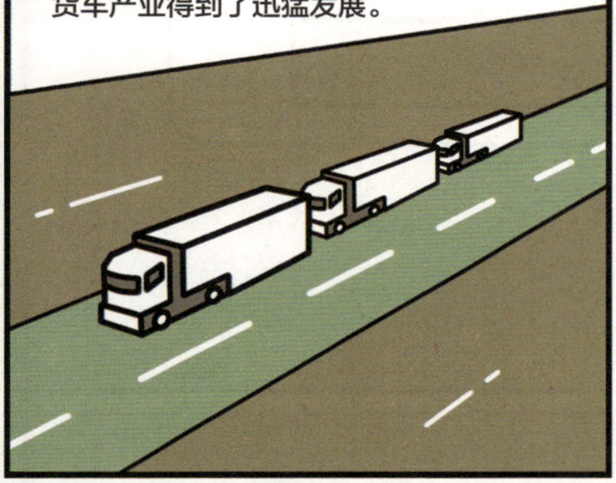

目前，市面上只有少数高端自动驾驶汽车品牌新配备了 L3 级自动驾驶辅助系统。可喜的是，中国华为的自动驾驶辅助系统，已经达到了 L4 级水平，即具备高度自动驾驶的能力，这是当前全球最先进的自动驾驶技术之一。

根据人类参与驾驶的程度，自动驾驶辅助系统可分为六个等级。

L0 级（完全人类驾驶），车辆没有配备自动驾驶功能，驾驶员负有全部驾驶责任；

L1 级（辅助驾驶），车辆配备了辅助性的自动驾驶功能，驾驶员需要始终保持对车辆的控制；

L2 级（部分自动驾驶），车辆具备更高级的自动驾驶功能，驾驶员需要监控车辆并准备介入；

L3 级（有条件的自动驾驶），车辆可以在特定条件下（如高速公路驾驶）自主执行驾驶任务，但仍需要驾驶员的监管；

L4 级（高度自动驾驶），车辆可以在特定条件下（如城市驾驶或固定路线）完全自主执行驾驶任务，驾驶员仍然需要在接到车辆通知后介入；

L5 级（完全自动驾驶），车辆完全自主驾驶，不需要驾驶员介入。

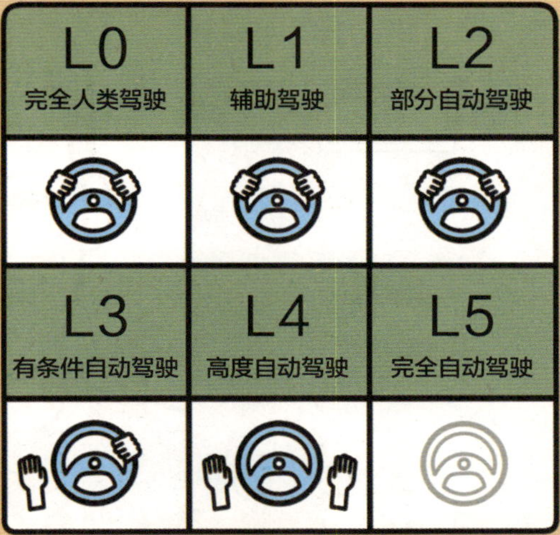

周末，爸爸妈妈带小朋友去市区，是开车快呢，还是坐公交、地铁快呢？于是，爸爸在手机导航软件系统中输入了语音指令。很快，手机导航就给出了智能化的导航服务。它还能根据不同的出行方式，帮你规划最优路线，并给出到达目的地的时间！

我们在平台购物时，除了可以扫码支付、银行卡支付，还可以选择刷脸支付，即通过人脸识别技术进行身份验证，然后进行支付。这项技术以非接触的方式加以识别，具有快速、准确、卫生、安全的特点。这就是人工智能给我们生活带来的极大便利啊！

人工智能不仅可以帮助我们解决单一的问题，还可以帮助我们解决复杂的问题。在人口众多的大城市，每天都有数以万计的人员和车辆在流动，特别是在上下班高峰期，交通更加拥堵不堪。严重的交通拥堵问题，长期困扰着出行的人们，因此被称为是一种“大城市病”。

参与交通的车辆、行人、道路、交通信号等因素，都是彼此影响的，多个因素的相互作用，使得拥堵往往难以被准确预测。天气变化、道路损坏、交通事故等偶然事件的发生，也会引发交通堵塞，甚至一辆车的减速也会引起后面车辆的连锁反应。

小朋友发现交通拥堵问题的特点了吗？它的特点有：受很多因素影响，很难找到规律，数据规模庞大，时刻都在发生变化……具有这些特点的问题又被称为“复杂系统”。

那我们看看人工智能是怎么缓解“交通拥堵”这个“死结”的吧。人工智能可以：

分析历史交通数据、天气信息等因素，预测未来的交通流量；

调整交通信号灯的时长，以最大限度地减少车辆等待时间；

监控交通流量，分析交通事故，并根据需要调配交通资源；

根据交通状况，指导驾驶员选择最优路线。

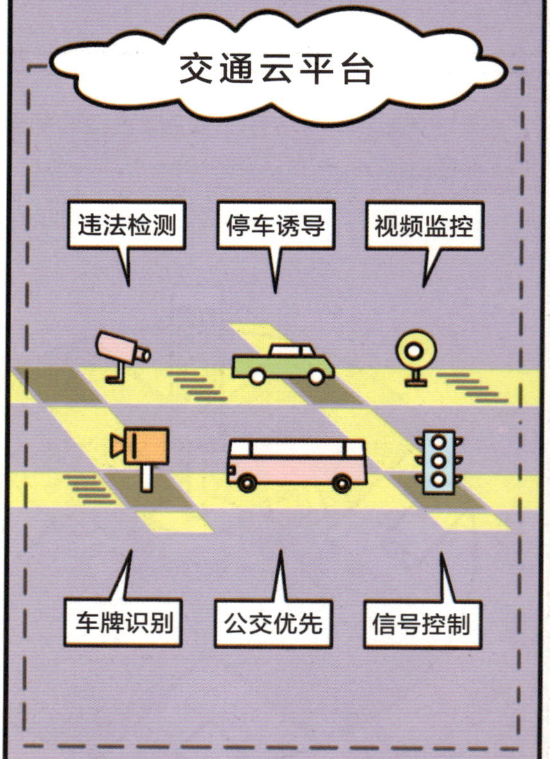

除了交通拥堵，气象预报、环境保护、生态平衡、药物研发等问题，也都属于复杂系统。像这类令人头大的问题，人工智能都有办法解决吗？

智能化环境监测

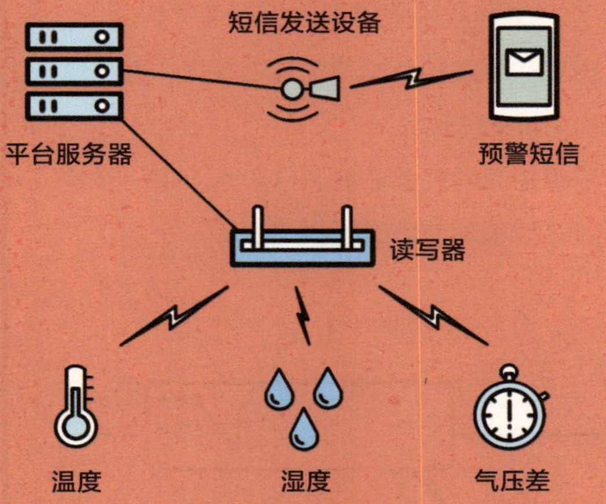

比如，智能化环境监测利用先进的传感技术，不间断地测量温度、湿度、空气质量、光照、声音、气体浓度、水质等环境数据，分别传输到中央数据存储或云平台上。这些庞大的监测数据再经过人工智能算法进行处理，以便及时发出环境警报，给出环境改善建议等。

智能化药物研发是一种利用人工智能和机器学习等先进技术来加速新药研发过程的方法。人工智能可以全程参与新药的设计、合成、测试及分析过程，再逐步筛选，直到选出候选药物，从而大大缩短新药的研发周期、节省研发费用。

智能化药物研发

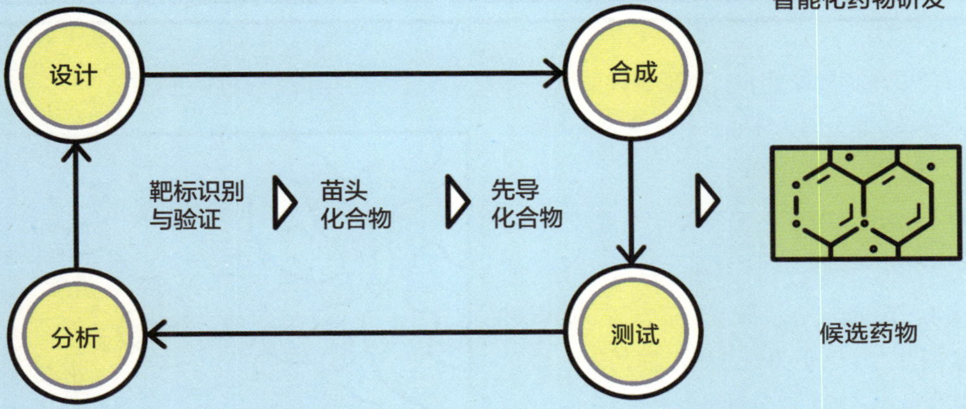

再比如提高天气预报准确性问题，人工智能可以：

分析大量的气象数据，通过深度学习等技术，给出更准确的预测结果；

从历史气象数据中学习模式和规律，进而预测未来的天气情况；

将不同来源的气象数据进行融合，进一步提高预报的准确性和可靠性；

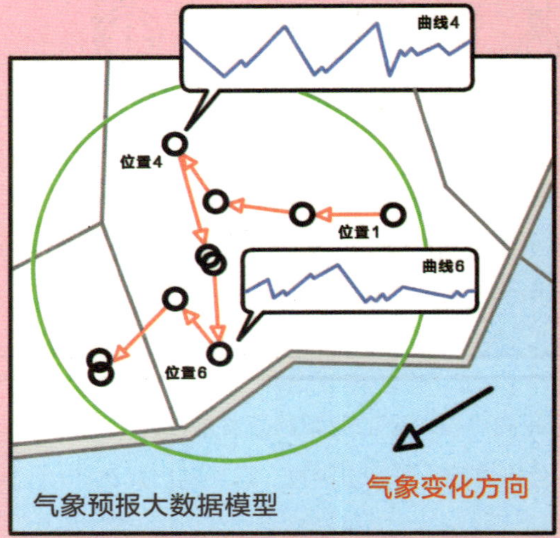

根据用户的地理位置、兴趣和需求，提供个性化的天气预报信息，为用户量身定制天气预报服务；

个性化定制天气预报

还能及时跟踪气象变化，发现异常情况并发出预警，帮助人们更好地应对各种气象灾害。

如今，利用人工智能技术预测天气，精度更高，速度更快。例如，盘古气象大模型，不仅预报精度已经超过传统气象预报方法，速度更是提升了 10 000 倍，过去需要几天才能完成的工作量，现在几秒钟就搞定啦！

盘古气象大模型

经过前面几章的介绍，小朋友们是不是感觉人工智能应用的领域特别广泛？

确实如此！

人工智能用在语音识别上，实现了人与机器的语言交互；

用在图像识别上，实现了人脸识别及手势交互；

用在以知识库为基础的专家系统上，其“学识”也能堪称博学；

用在益智类游戏上，则打败了人类围棋高手；

用它学习人类语言，练就了写作高手ChatGPT；

用在汽车上，成就了无人驾驶技术的发展；

用在航天上，促成了火箭的回收及火星车的漫游；

用在大数据分析上，能挖出令人意想不到的成果；

用在复杂系统上，能指挥有序的交通、给出更准确的天气预报……

不作诗，只做事的盘古大模型 3.0：重塑千行百业

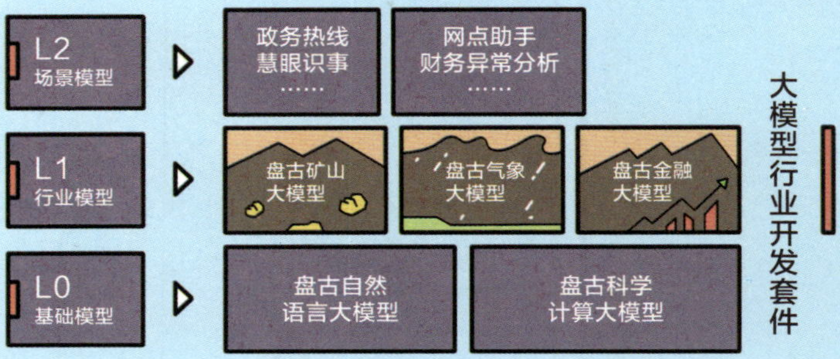

第六章介绍的 ChatGPT 是一个语言类对话模型，它能陪人们聊天，帮人们写作。可是，聊天框以外的问题它就解决不了了。比如，如何运营一座矿山，预测一个天气，甚至研发一种新药……

2023 年 7 月 7 日，盘古大模型 3.0 正式发布，致力于深耕行业，它为千行百业提供服务，如政务、金融、制造、医药、矿山、铁路、气象等领域。

盘古气象大模型已经很神奇了。

小朋友，我们再来了解一下盘古矿山大模型吧！它能接管矿山几乎所有的设备，包括挖煤的钻机到运煤的皮带等一系列机器，最终实现矿下无人作业，从而极大地提高了矿山的生产效率和安全。

人工智能在这么多领域都有惊艳的表现，是不是已经超过人类了呢？

就像电影《流浪地球 2》中 MOSS 那样，不仅拥有超强算力，还有着自主意识？

或者像电影《黑客帝国》中的“矩阵”计算机那样能够控制世界，对人类构成严重威胁？

其实，完全不必担心！因为目前的人工智能仍然处于擅长执行特定任务的“弱人工智能”阶段，并不具备广泛的智能。比如成为围棋比赛冠军的“阿尔法狗”，它是一款专门为围棋设计的人工智能系统，即便在擅长的围棋方面，它也只能在特定的场景和环境中运行，不能像人类那样随时随地都可以“摆一盘儿”。

弱人工智能只能完成特定任务。

电影中设想的人工智能，则属于“强人工智能”，即已经具有自我意识，可以进行复杂的思维推理，并能灵活地解决问题。也就是说，强人工智能在各种领域都能表现出类似人类的智力水平。

目前，强人工智能仍然处于理论和研究阶段，尚未实现真正的强人工智能系统。

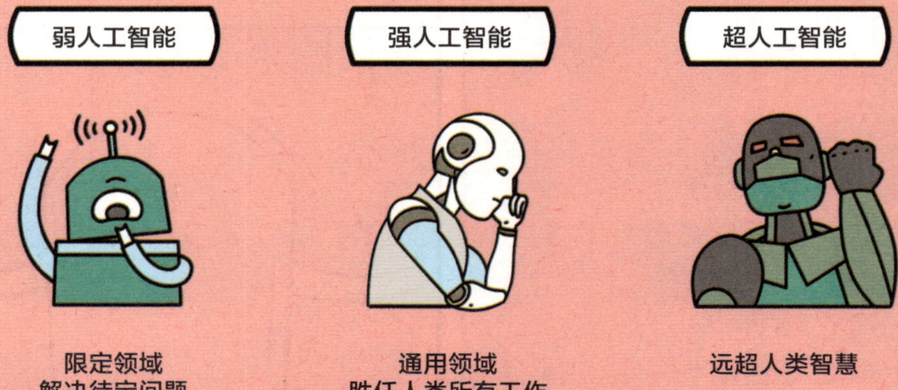

从弱人工智能到强人工智能的进化，是全世界科学家努力的方向，后面更有“超人工智能”等待攻克。小朋友，你要好好学习、快快长大，摘下强人工智能甚至超人工智能技术桂冠的也许就是未来的你哟!

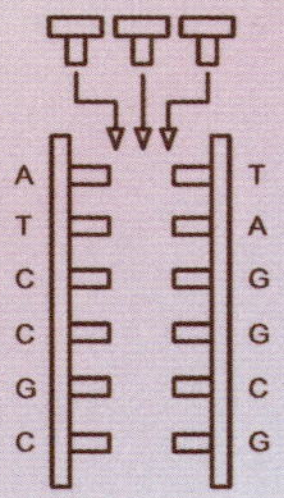

秒懂
未来科技

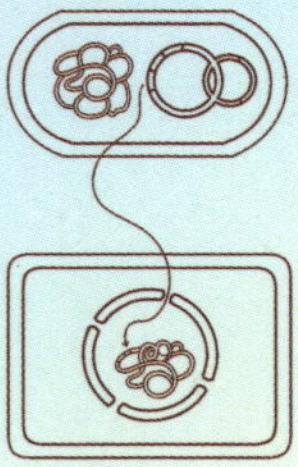

揭秘
生命科学

图蓝 赛启团队◎编著

航空工业出版社
北京

内容提要

《秒懂未来科技》是一套专为孩子们设计的科普读物，它用漫画的形式，将复杂的前沿科技知识生动地呈现出来。这套书致力于向孩子们展示前沿科技的无穷魅力，激发他们对科技的好奇心。通过深入浅出的讲解，让孩子们了解每个科技领域的独特之处，从而点燃他们对科技的热情，启迪他们的梦想。

图书在版编目（CIP）数据

揭秘生命科学 / 图蓝，赛启团队编著. -- 北京 : 航空工业出版社，2024.4（2024.7 重印）
（秒懂未来科技）
ISBN 978-7-5165-3710-7

Ⅰ. ①揭… Ⅱ. ①图… ②赛… Ⅲ. ①生命科学一青少年读物 Ⅳ. ① N49

中国国家版本馆 CIP 数据核字（2024）第 060602 号

秒懂未来科技・揭秘生命科学
Miaodong Weilaikeji. Jiemi Shengmingkexue

航空工业出版社出版发行
（北京市朝阳区京顺路 5 号曙光大厦 C 座四层　100028）
发行部电话：010-85672688　010-85672689

艺堂印刷（天津）有限公司印刷　　全国各地新华书店经售
2024 年 4 月第 1 版　　2024 年 7 月第 3 次印刷
开本：787×1092　1/16　　字数：25 千字
印张：3　　定价：168.00 元（全 6 册）

前言

亲爱的小读者：

欢迎来到生命科学的奇妙世界！

科学家们揭示了基因的遗传规律，于是我们知道了为什么我们有点儿像爸爸，又有点儿像妈妈；科学家们发现了拉链一样的 DNA“双螺旋”，于是我们破解了生命的密码。基因重组技术为我们身边的动植物带来了前所未有的新特征、新品种，并在药物和医疗领域为人类带来了福音。基因编辑技术更像是一把魔幻的手术刀，使得人类获得了“上帝”的特权——修改和创造生命。未来，脑机接口技术将帮助许多身体残缺的人们摆脱病痛、重获新生……

除了“揭秘生命科学”外，《秒懂未来科技》丛书还介绍了其他五个有趣的前沿科技领域。通过生动形象的插图和富有启发性的文字，这套丛书将继续带你揭示神秘的量子世界，展望机器人的未来发展，体验元宇宙的神奇魅力，深入了解智慧过人的人工智能，以及探索星际旅行的广阔前景。

亲爱的小读者，《秒懂未来科技》丛书是一套为孩子们精心打造的高品质科普读物，由多位科学家及学者组成的“赛启团队”共同创作。我们希望这套科普读物不仅能够解答你对未来科技的好奇和疑惑，还能激发你的探索欲望，让你在轻松愉快的阅读中，体验秒懂未来科技的乐趣。

愿你在书香中感受科技的魅力，点燃学习的激情，探寻无尽的奇迹！

祝阅读愉快！

赛启团队

2023 年 12 月

目录

1897年，法国画家高更创作了一幅著名的油画，提出了人类的终极之问：“我是谁？从哪里来？要到哪里去？”

有关生命起源和人类诞生的谜题，世界各地的神话故事中都有“神创”的传说，即人是由神创造的。比如，中国的上古神话传说中，就有盘古开天辟地之后，女娲用泥巴捏出人类的故事。

古埃及的创世神话则是以太阳神为崇拜的对象。可见，尽管古代人类分布在不同的区域，但他们却萌生出了大体相同的创世论调。

19 世纪初，英国哲学家威廉·佩利举了一个很有名的例子。请想象一下，有一天，你在荒野里发现了一块石头，你的第一反应是什么？你一定会认为这块石头是大自然所造。但是，如果你在荒野里发现了一块怀表，那么你会认为这块怀表只能由钟表匠制造，因为大自然无法制造出这样精密的机械设备。既然大自然不能创造怀表，又凭什么认为大自然会创造出人这样复杂的动物呢？于是，佩利总结，人类不是由大自然创造的，而是由神创造出来的。佩利用“钟表匠类比”，来支持“神创论”。

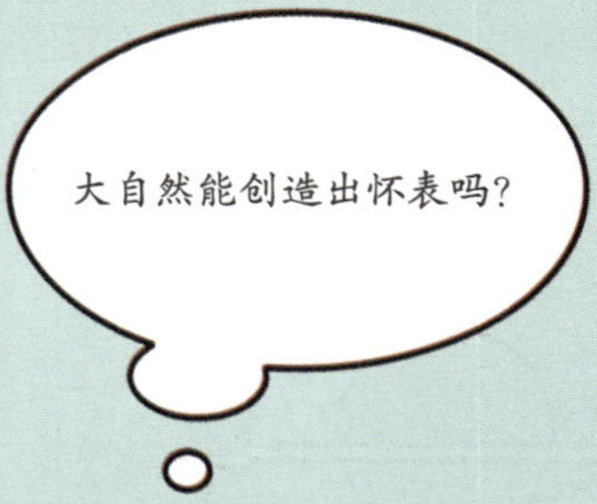

1859 年，《物种起源》一书出版，达尔文提出了颠覆人类以往认知的生物进化理论：生物是进化而来的，是自然选择的结果，遵循“物竞天择、适者生存”的自然法则。

为了让这一理论更有说服力，达尔文用了不少篇幅详尽地论述了眼睛也完全可以通过进化而产生。眼睛一直被认为是人体中最为精密复杂的器官。

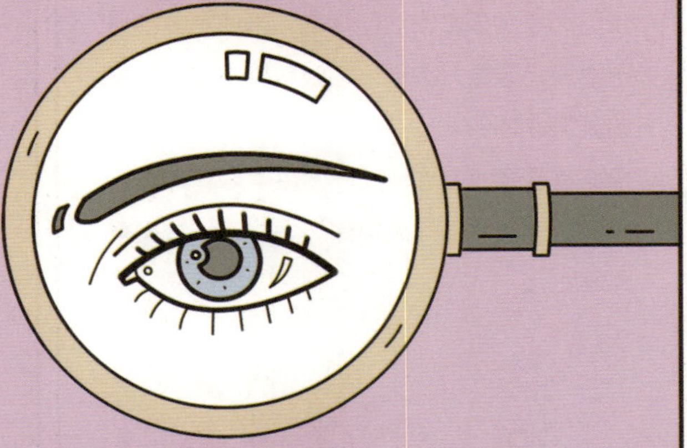

经过 100 多年的不懈探索，科学家们证实了眼睛确实是进化而来的。

眼睛的进化过程

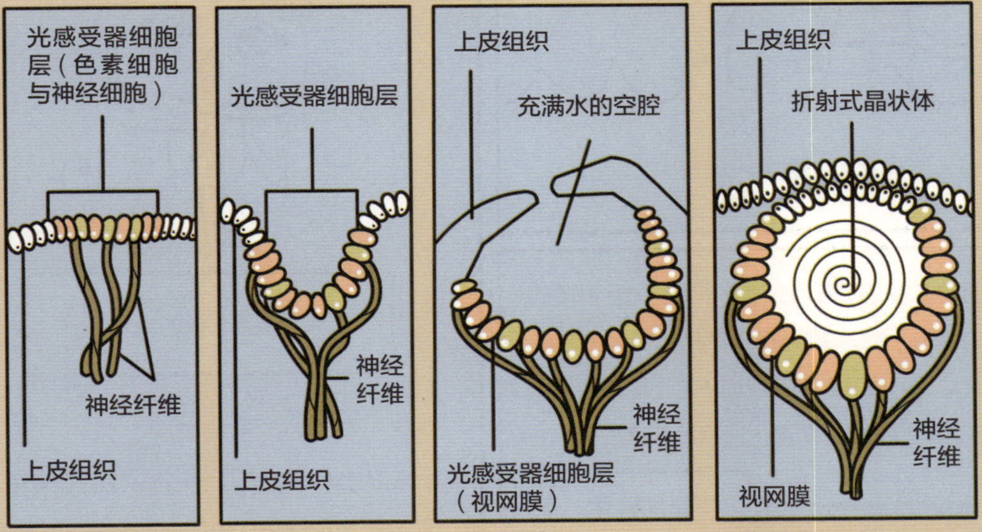

1994 年，科学家们通过计算机模拟，用三层虚拟皮肤成功地模拟进化出了复杂的眼睛。由平坦的皮肤到复杂的眼睛，大约需要 40 万年的进化时间。这个时间听上去很久，其实对于地球的生命史来说，只是一瞬间。这一研究结果，再次证明了达尔文“进化论”的正确性。今天，生命从何而来，“进化论”已经确定无疑地代替了“神创论”。

我们的身体是由物质组成的，组成身体的这些物质起源更为久远，甚至可以追溯到宇宙的诞生时期。

根据科学界的主流观点，大约 138 亿年前，一次开天辟地的“大爆炸”发生了，宇宙就此诞生。

在早期的宇宙空间里，主要密布着一种最简单的气体物质——氢。在万有引力的作用下，气体逐渐凝聚成团，由于内部温度和压力逐渐升高，发生了核聚变反应，于是第一代恒星便诞生了。

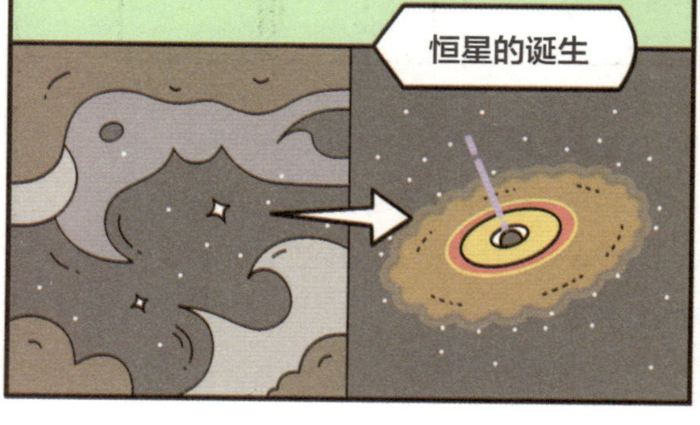

在恒星“熔炉”的深处，以氢为原料的核聚变在发光放热的同时，产生了更重的元素——氦、碳、氧等，它们燃烧后的“灰烬”，在恒星消亡的爆炸中被抛向星际空间，形成了新的云团。

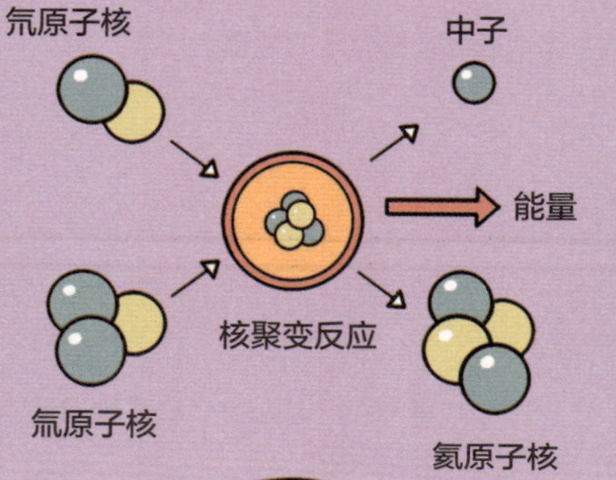

大型的云团又开始了新一轮的恒星演化，直至产生包括铁、金在内的自然界中的所有已知元素。而很多小云团，因体积不足以再次点燃核聚变反应，便逐渐形成了行星。以上过程就是地球和我们身体的物质来源，原来我们的身体是由星尘铸就的。

大约 46 亿年前，一堆星际气体开始凝聚，主要由石头和铁组成的世界终于形成，这就是原始的地球。地球在冷却的过程中，释放出大量的甲烷、氨、水和氢，形成了原始的大气和海洋。

雷击和火山喷发制造出了越来越复杂的有机分子，并逐渐在原始海洋中聚集，为生命的起源和演化奠定了基础。

在距今 40 亿年前后，原始海洋像一锅温热的“稀汤”，又叫作“原始汤”。它是有机分子的伊甸园。

原始汤中的有机物

各种分子在原始汤中进行着复杂的化学反应，产生了更多种类的有机物质。偶然间，原始汤中出现了一个非凡的分子，它的神奇之处在于它能够自我复制！因此，它又叫作“复制因子”。

复制因子是由较小的有机分子构件组成的，一旦在海洋中诞生，便开始不断复制和扩散。然而，复制过程中难免会出现差错，这导致新的复制因子品种的不断涌现。同时，海洋中的食物（较小的有机分子构件）数量是有限的，这就使得稳定和长寿的复制因子能够获得更多的后代。在复制差错和食物有限的双重影响下，生命的演化开始了。

经过亿万年的漫长演化，复制因子变得越来越复杂，竞争也变得越来越激烈。只有那些能够联合起来，抱团御敌的复制因子才能生存下来。后来，它们又添置了一层“保护衣”，以便更好地保护自己，这可能就是第一批生命细胞的成长过程。

小朋友，你曾经在海滨沙滩漫步过吗？你随手抓起一把沙子，里面的沙子数量大约有一万粒，这个数量略多于你在晴朗的夜空中抬眼看见的繁星的数量。可是，宇宙的宽广无垠超乎我们的想象，宇宙中恒星的数量比地球上所有沙滩的沙子加起来还要多！
多么广袤的星空啊！

茫茫宇宙（总星系）
银河系
太阳系
地球
我们的家园，只是茫茫宇宙中的一个暗淡蓝点。
地球像一粒微尘，飘荡在宇宙的虚空之中，在它之外，还有上千亿个像银河系一样的星系，数十万亿个像太阳系一样的恒星系。然而，这粒微尘却是我们的蓝色家园，承载着我们所知的一切生命！

大约 30 亿年前，一些单细胞生物放弃了自由自在的生活，为了共同的生存利益聚集在了一起，第一个多细胞生物从此诞生了。

多细胞生物示意图

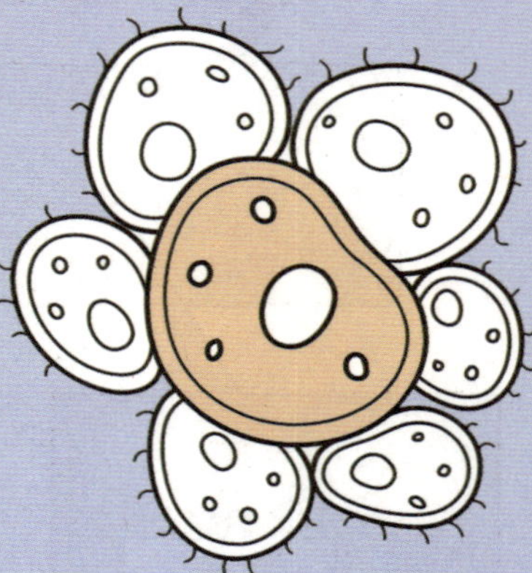

大约 20 亿年前，生物开始出现性别区分，因为有性繁殖能够交换整段的遗传信息，更容易适应环境的变化，加快了自然演化的速度。相比之下，大多数无性繁殖的生物在自然法则的筛选下逐渐被淘汰。

大约 10 亿年前，海洋里充满了以蓝藻为主的原始绿色植物。

蓝藻的细胞构造

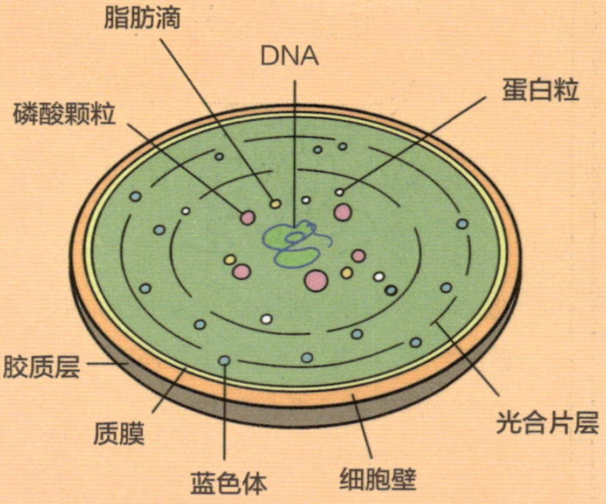

绿色植物的光合作用使得氧气逐渐成为地球大气的主要成分；而植物死亡分解后，又会向大气中释放另一种气体——氮气。直到今天，氧气约占大气总体积的 21%，氮气约占 78%。也就是说，99% 的地球大气是由生物产生的，可以说是生命创造了蓝天！

真想不到，原来蓝天是生命创造的！

大约 6 亿年前，大量新生命出现，打破了蓝藻的霸权；5 亿年前，三叶虫大量繁衍，植物开始移居陆地；4 亿年前，第一批鱼类和脊椎动物出现；2.5 亿年前，恐龙开始统治地球。

大约 6 500 万年前，恐龙灭绝，哺乳动物开始繁荣。在不到 1 000 万年前，自然界演化出了第一批类似人类的物种，他们的大脑容量在短时间内暴涨。大约 600 万年前，人类祖先开始直立行走，逐渐演化成现代人类。大约 100 万年前，人类学会了使用火。大约 1 万年前，人类学会了制造陶器。

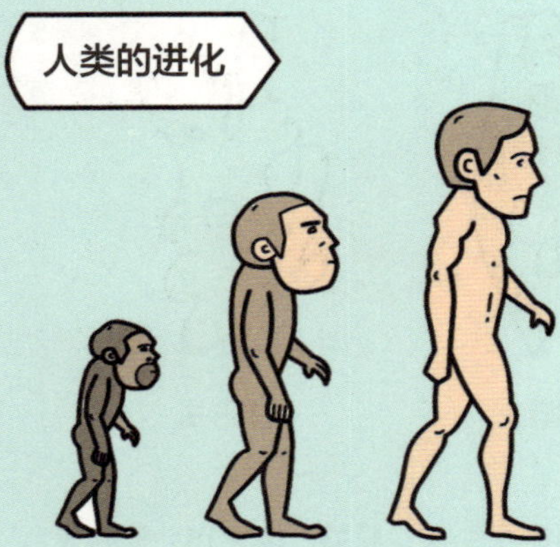

大约 6 000 年前，青铜器的出现标志着人类进入文明时代。随后，亚里士多德、孔子等东西方先贤开始杏坛授课。

以上的纪年太过漫长，假如将地球的发展历史快进成一年，即将 46 亿年浓缩成 365 天，会是一种什么样的体验呢？

生物进化的历程

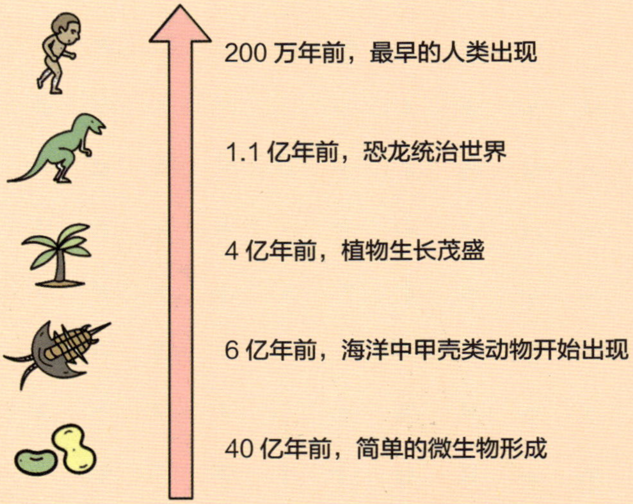

元旦的零时零分零秒，地球诞生，计时开始。

第一季度的三个月，地球和无数的天体一样，没有任何生命迹象。

第二季度的 4 月中旬左右，迎来了原始生命（复制因子），直到 6 月中旬才出现了具有细胞核的单细胞生物。

因此，整个上半年，生命在地球上都无足轻重。

单细胞生物

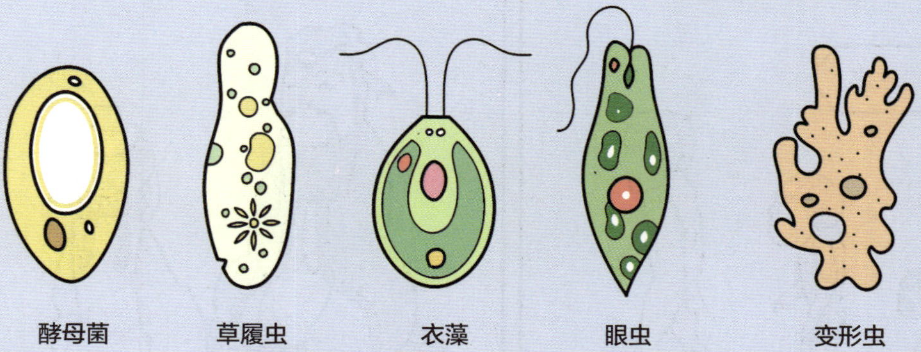

第三季度的 8 月初，多细胞生命出现，它们逐渐分化成为原生生物、真菌、植物和动物四大生物类别。

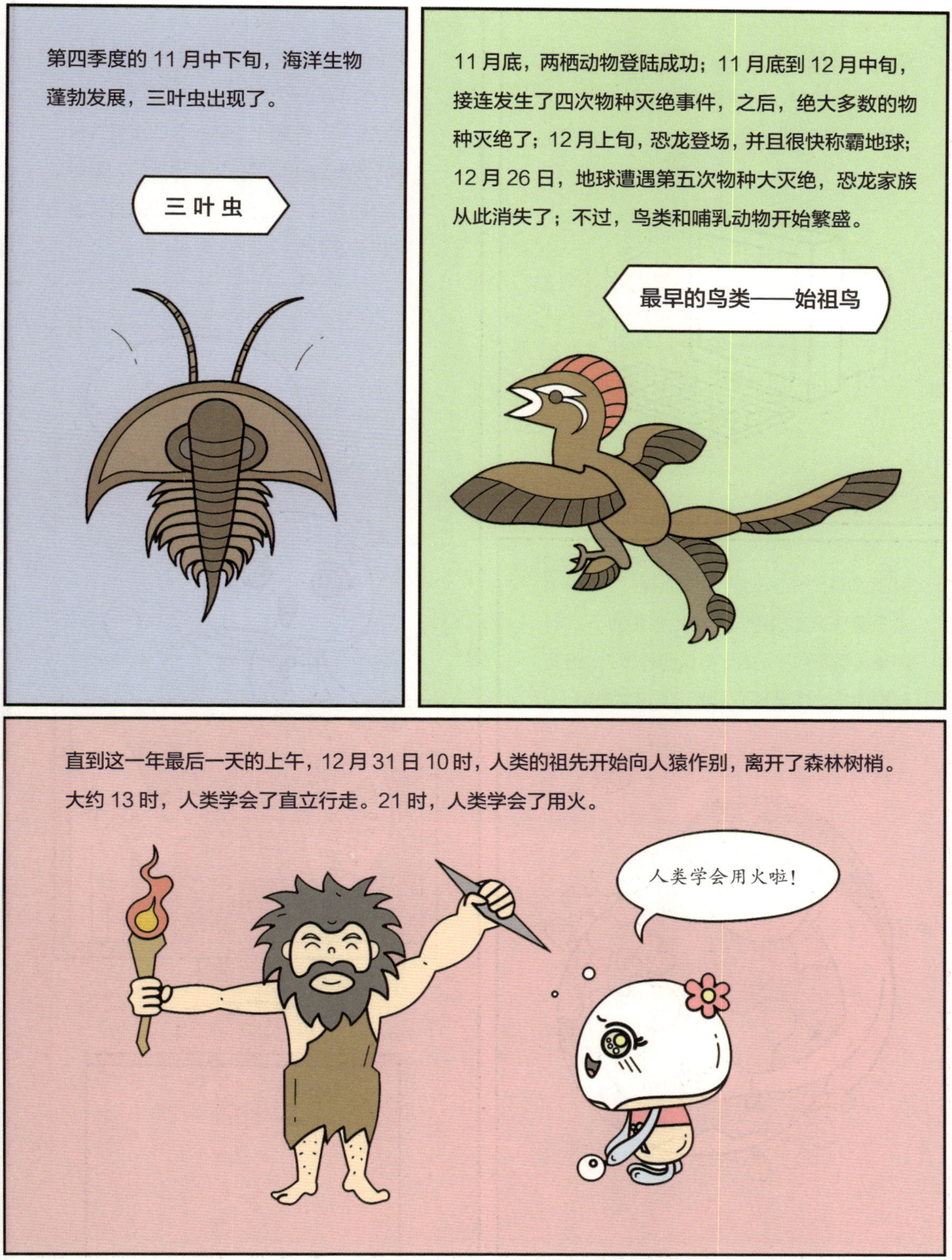
第四季度的 11 月中下旬，海洋生物蓬勃发展，三叶虫出现了。
三叶虫
11 月底，两栖动物登陆成功；11 月底到 12 月中旬，接连发生了四次物种灭绝事件，之后，绝大多数的物种灭绝了；12 月上旬，恐龙登场，并且很快称霸地球；12 月 26 日，地球遭遇第五次物种大灭绝，恐龙家族从此消失了；不过，鸟类和哺乳动物开始繁盛。
最早的鸟类——始祖鸟
直到这一年最后一天的上午，12 月 31 日 10 时，人类的祖先开始向人猿作别，离开了森林树梢。大约 13 时，人类学会了直立行走。21 时，人类学会了用火。
人类学会用火啦！

这一天的最后一分钟，23 时 59 分，人类开始学会耕种、制造陶器；最后 3 秒，人类发明了蒸汽机；最后一秒，计算机问世。

以上就是生命演化的简要历程，小朋友们是不是深有感触呢？无论地球相对于宇宙，还是人类相对于地球，都是何等渺小。因此，我们应当敬畏自然，人类切不可妄自尊大。

小朋友们看到上一句话的时候，这神奇的一天就结束了！

也就是说，在整个地球一年的历史进程里，人类是在最后一天才出现的，最后一分钟才有了人类文明，真正的科技时代只有 3 秒！

现代的人们经常会有一种错觉，即认为很多现象是显而易见的，很多科学知识本来就是常识。

生物的遗传性就是一个最显著的例证。早在远古时代，人们就已经观察到诸多显而易见的实例，发现了生物遗传性的存在。例如，儿子与父亲的相似之处，以及种植瓜类得到的仍然是瓜类，种植豆类得到的仍然是豆类等，这些都是生物遗传性的体现。

种瓜得瓜，种豆得豆

不过，只要稍微思考一下，你就会发现遗传现象中存在很多凭经验难以解释的内容，例如，哪些特性可以遗传？遗传特性可以传递几代？

对于这些疑问，谁能给出科学的解答呢？直到 1865 年，人们终于得到了答案。一位叫孟德尔的奥地利修道院神父发现了了不起的“遗传定律”！

奥地利生物学家
格雷戈尔·孟德尔

豌 豆

孟德尔将一种开紫花的豌豆种和另一种开白花的豌豆种结合在一起。第一次结出来的豌豆开紫花，第二次开出的花紫白相间，第三次开出的花全白。在这个实验中，紫花和白花是同种生物同一性状的不同表现类型。在连续“繁殖”三代的过程中，开花的特征发生了有规律的变化。

一是基因分离定律：决定同一性状的成对遗传因子彼此分离，独立地遗传给后代。简单地说，生物的父本和母本都携带遗传特性，后代分别从父本和母本各继承一个基因，形成“基因对”，这个基因对最终决定了遗传特性。这个定律强调了父本和母本在遗传学上是同等重要的，离开任何一方，遗传特性就不存在了。

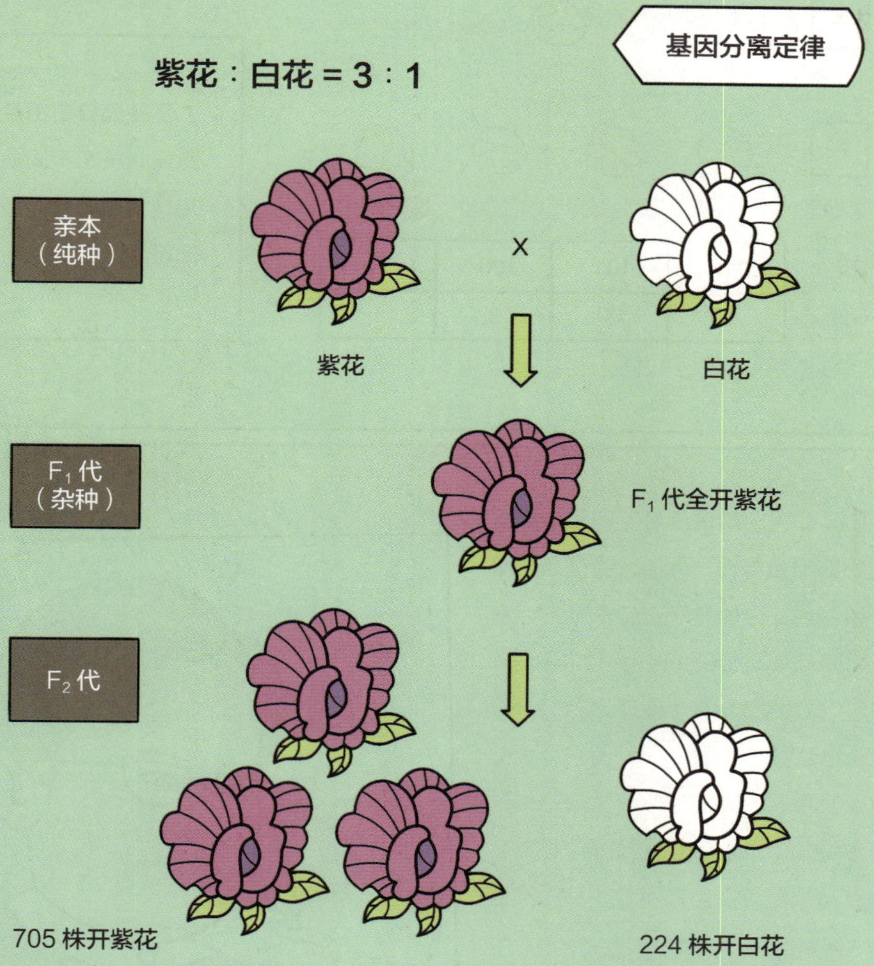

基因分离定律的验证相对较为容易。例如，如果你使用紫花的花粉给白花的花蕾进行授粉，得到的一定是紫花的后代（F_1 代）；然后，如果你再用这些紫花的种子进行繁育，其后代（F_2 代）中就会既有紫花也有白花。孟德尔发现，基因在后代的分离比近似于 3：1。

基因自由组合定律

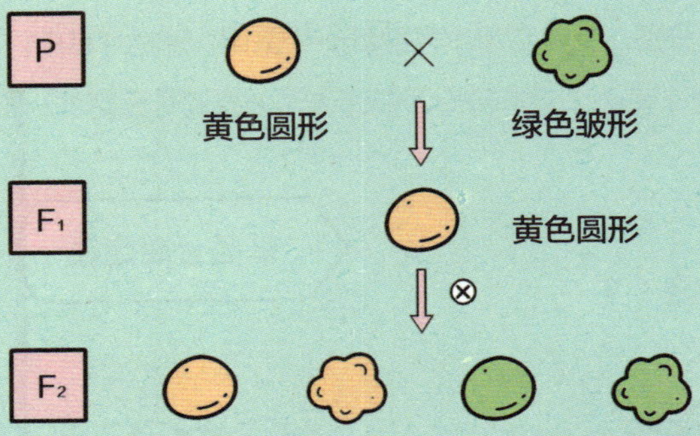

表现型	黄色圆形	黄色皱形	绿色圆形	绿色皱形
颗粒	315	101	108	32
比例	9	3	3	1

二是基因自由组合定律：决定不同遗传性状的遗传因子间可以自由组合。

孟德尔的第二大定律揭示了不同遗传特性在后代中的组合规律。例如，当黄色圆粒的种子和绿色皱形的种子进行杂交时，它们的后代可能表现出四种不同的特性组合：黄色圆形、黄色皱形、绿色圆形、绿色皱形，并且这些组合的比例为 9∶3∶3∶1。孟德尔通过研究发现，这些遗传特性在遗传过程中彼此独立，它们不会互相干扰。同时，这些遗传特性还可以自由组合，从而产生多样的后代。

生命科学，作为 20 世纪最重要的科学之一，从孟德尔开始迈出了探索的第一步。

生命科学从孟德尔开始启航

另外，孟德尔还发现了一种不可分割和独立的遗传单位，后来人们将它称作“基因”。

遗传物质的基本单位——基因

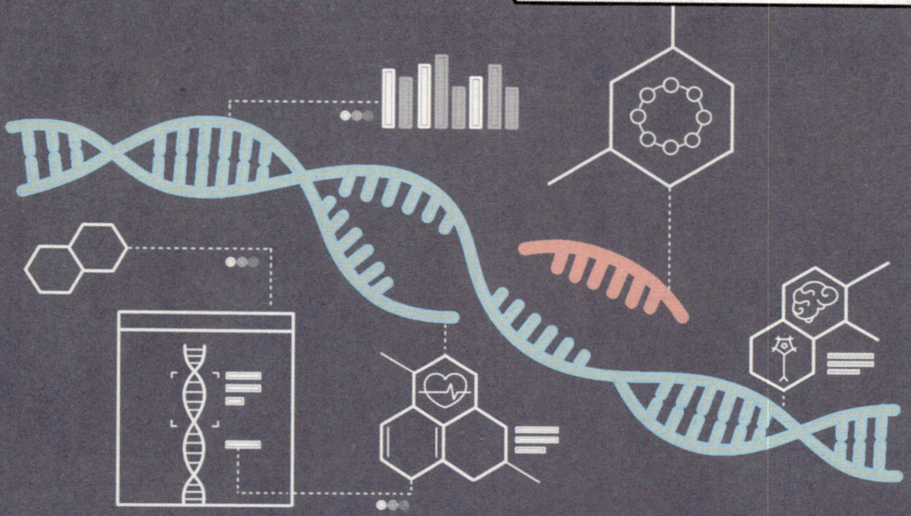

基因指导蛋白质的合成

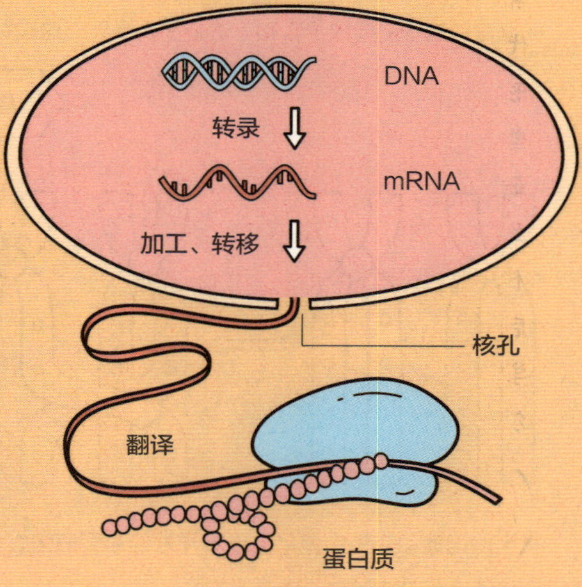

简单地说，基因是构成生命遗传物质的基本单位，携带着决定生物某种特征的遗传信息。基因极其微小，排列在 DNA 上，它通过指导蛋白质的合成来复制遗传信息，并将其传递给下一代，从而使后代呈现出与上一代相同或相似的某种特征。

1909 年，美国的生物学家与遗传学家摩尔根及其学生在孟德尔定律的基础上发现了遗传学的第三大定律：基因的连锁与交换定律。

美国生物学家
摩尔根

在生殖细胞的形成过程中，位于同一条染色体上的基因会连锁在一起（A 和 B 连锁在一起），作为一个单位进行传递，称为连锁定律；在生殖过程中，一对染色体相同位置上的基因之间是可以进行交换的（C 和 c 进行了交换），这被称为交换定律。

摩尔根的连锁与交换定律

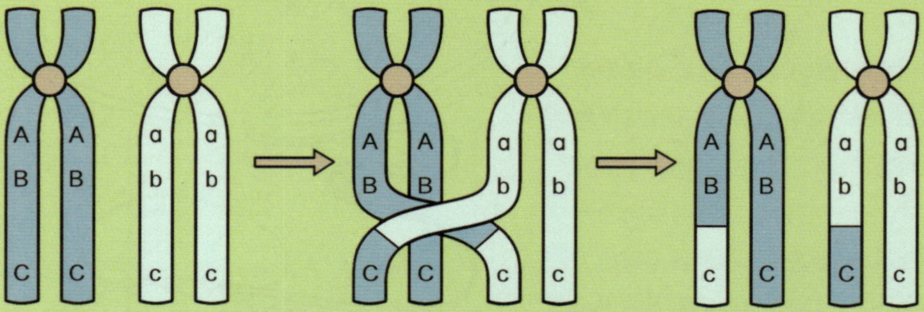

基因的连锁和交换定律是生物多样性的重要原因之一，同时，它还科学地解释了孟德尔的遗传定律所不能解释的遗传现象。

小朋友，你听说过体育彩票吗？对个人来说，中奖的概率那是相当小，有些彩票头等奖的中奖概率更是千年难得一遇！这就是为什么大多数人一辈子也中不了头等奖的原因。

但是，假如我们的人生能够有一亿年，情况就会完全不同了。如果我们每周都购买一次彩票，那么说不定就有可能中上几次头等奖呢！

第一章中提到，“原始汤”中产生复制因子被认为是一种奇迹，因为这种偶然情况发生的可能性极其微小，比体育彩票的中奖概率还要小。人们之所以对“原始汤”能否产生复制因子心存疑虑，主要是因为不习惯将其放到上亿年的时间尺度内去思考这个问题。

实际上，出现一个能够复制自身的分子，可能并不像人们所想象的那样罕见。因为在十亿年的时间跨度内，只要发生一次便足够了。

第一个复制因子一旦产生，它必然会迅速地在海洋中到处扩散它的拷贝，即它将利用周围较小的分子作为原料，不断进行自我复制。在复制过程中会出现错误，这些错误会随着复制的进行而扩散，从而导致复制因子的品种不断增加。

然而，原始汤中的原料小分子是有限的，于是竞争便产生了，此时自然选择便开始发挥作用。显然，寿命长的、复制速度快的和复制精确性高的复制因子的品种更有竞争优势，并成为进化的方向。

生命由简单到复杂的演进趋势

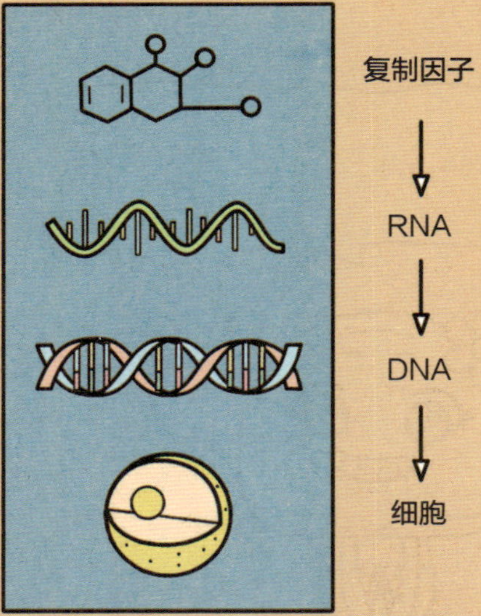

随着竞争的加剧和进化的累积，在数以亿年的漫长岁月中，复制因子的演化一天也没有停止过。为了生存，它们逐渐集群相处，并且学会了建造安全的“大房子”——细胞膜，在其中安居。

复制因子的“大房子”——细胞膜

对于那些可以为细胞所用的物质，细胞膜会欢迎它们进入细胞

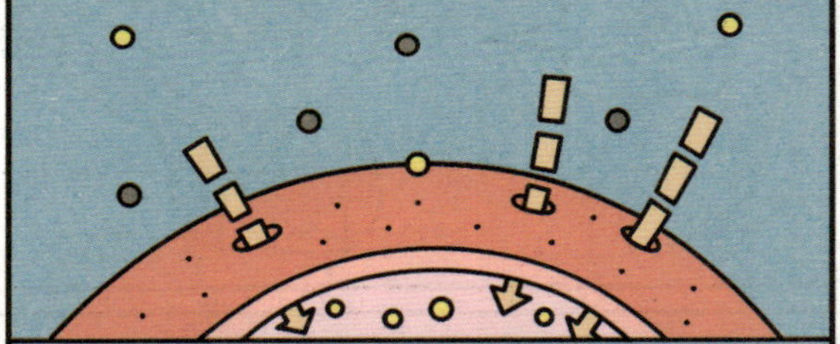

至于其他物质，细胞膜就不那么欢迎了……

正因遵循了相同的演化路径，小到细菌、病毒，大到犀牛、巨杉，再到聪明的海豚和人类，地球上所有物种的复制因子都有着完全相同的基本化学结构，科学家们将这样的复制因子称为DNA分子。

1953 年，DNA 双螺旋结构被发现。科学家们不仅确认了 DNA 是生物的遗传物质，而且还明确了它由四个基本的“核苷酸”构件（碱基）组成。这四种碱基分别为腺嘌呤（A）、胞嘧啶（C）、鸟嘌呤（G）和胸腺嘧啶（T）。这些碱基有序排列形成了两条长链，这两条链像一架长长的梯子相互交织，形成了雅致的螺旋形。DNA 是一种生物大分子，四种碱基的排列顺序构成了创造生命所必需的遗传信息。

DNA 的分裂和繁衍过程非常简洁高效。在 DNA 双螺旋结构中，只要将其分开，为两个后代各分配一条单链就可以了（过程①）。获得单链的后代，会遵循碱基配对的规则，即 A 和 T 配对、C 和 G 配对，自行配上另一条新链（过程②），从而完成双螺旋的复制工作（过程③）。显然，新产生的两个后代 DNA 与原 DNA 一模一样！

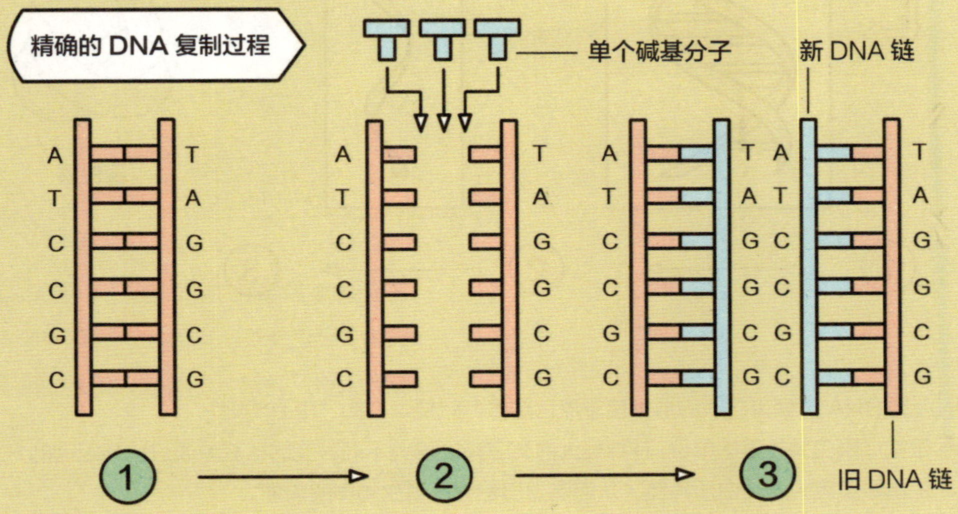

生命体的独特性状是由不同的蛋白质分子决定的。那么，结构如此简单的 DNA 分子，是如何指导生命体产生出种类繁多、结构复杂的蛋白质的呢?

原来，DNA 不会直接指导蛋白质的合成，而是先转录出中间信使 RNA，RNA 再根据三个碱基对应一个氨基酸的原则制造出蛋白质。示意图中有三个箭头，由 DNA 指向自身的箭头（过程①），这个过程表示 DNA 是可以自我复制的；由 DNA 指向 RNA 的箭头（过程②），表示 DNA 储存的遗传信息可以转移至 RNA 中保存，这个过程叫作转录；由 RNA 指向蛋白质的箭头（过程③），表示 RNA 保存的遗传信息最终会以蛋白质的形式出现，这个过程叫作翻译。

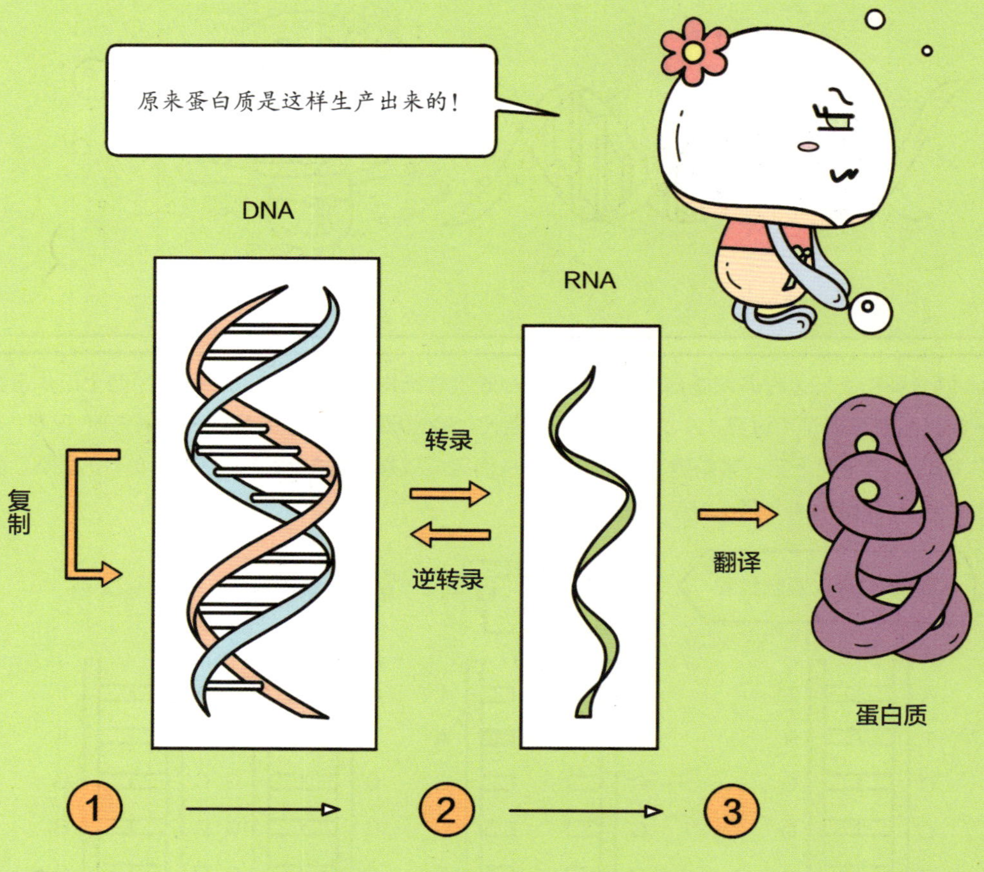

从 DNA 到 RNA 再到蛋白质的遗传信息流动规律，就是著名的“中心法则”。

氨基酸是构成蛋白质的基本单位，其种类大约有 20 种。这些不同种类的氨基酸通过排列组合的方式，可以产生出数量巨大的蛋白质种类，从而满足自然界所有生物体的需要。

我们的身体大约由几百万亿个细胞组成，DNA 分布在所有细胞中。如果将身体比喻成一座巨大的建筑物，那么每个细胞就是其中的一个房间。令人惊叹的是，人体这座建筑物中的房间数量，竟然比地球上所有的房间加起来还要多得多！

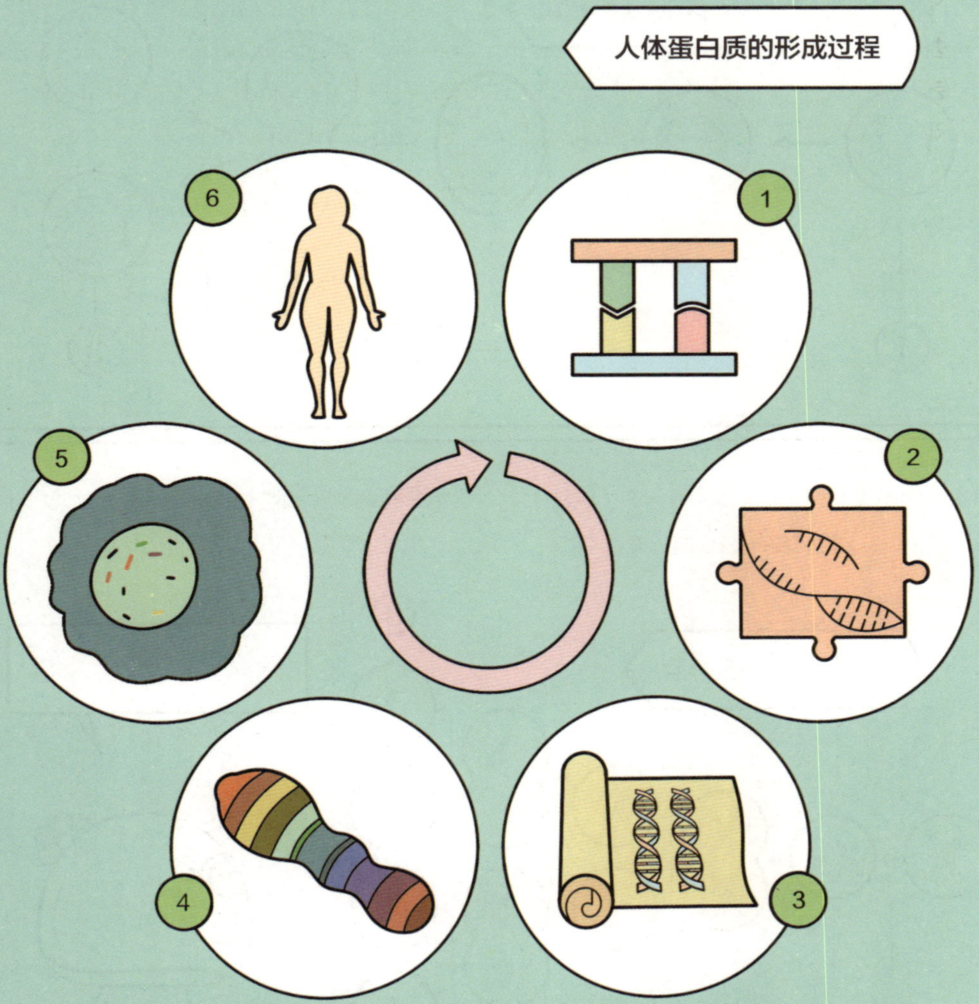

“人体建筑”（⑥）中的每个房间（细胞⑤）里都有一个书柜（细胞核），DNA（③）就像这座建筑物的一套完整的设计图，存放在每个房间的书柜中。实际上，每个书柜中的设计图，都是复制出来的一套副本，内容与原图完全一样。人体的设计图共有“46 卷”，因为容易被染上颜色，又称为“染色体”（④）。基因（②）是具有遗传效应的 DNA 片段，它们由四个碱基配对（①）构成，沿着这些染色体有次序地排列着。

一般的身体细胞，DNA 复制一次（过程①），细胞分裂一次（过程②），复制后的 DNA（③）与复制前的一模一样。

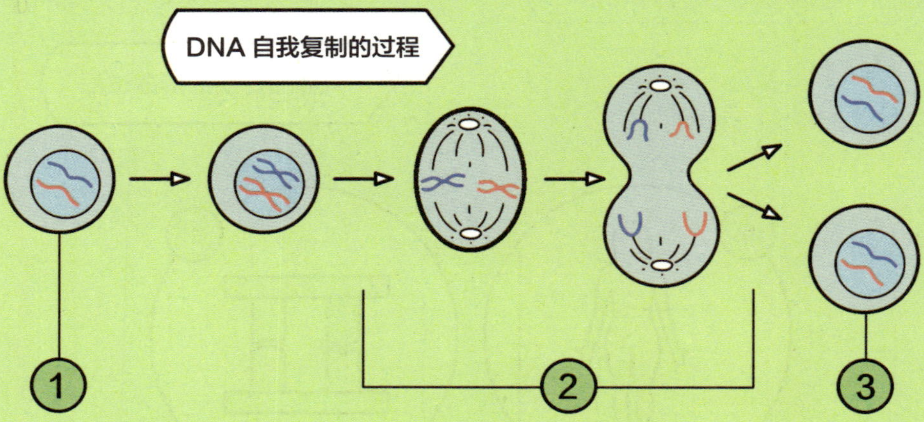

而生殖细胞则不同，DNA 复制一次（过程①），细胞分裂两次（两次过程②），因此，复制后的 DNA（③）只有身体细胞的一半。

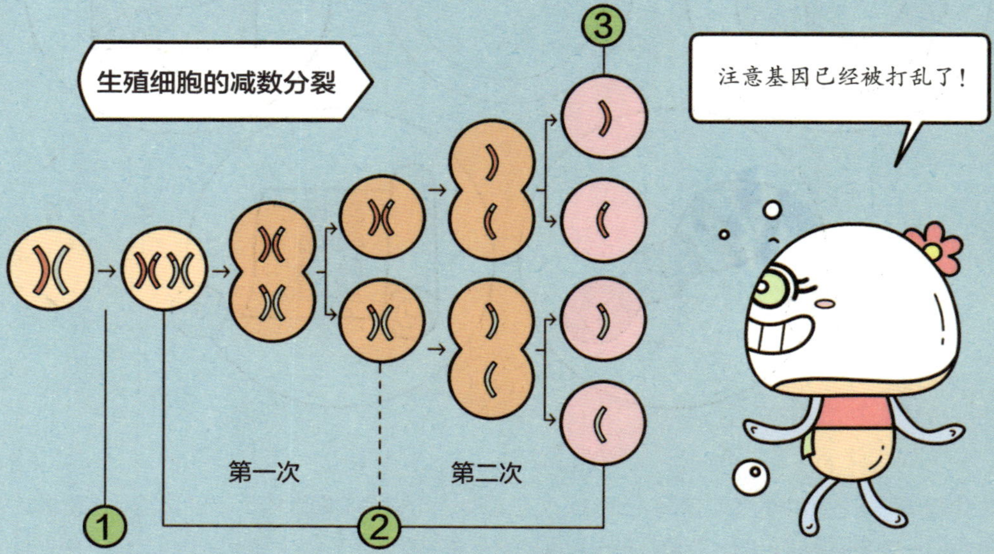

小朋友们还记得第三章介绍的遗传学的连锁与交换定律吗？正是由于这些定律，复制后的 DNA 中的基因才会被打乱，重新组合，使得每个后代个体中基因的排列都与众不同。原来，这就是相同物种不同个体的样貌特征会千差万别的原因。

人与动物的基因有很高的相似度

人类和老鼠的基因相似度高达 85%，人类与苍蝇的基因居然也有 39% 的相似度。

既然所有生物遗传信息的构成材料都是一样的，那么人为变动是否可行呢？

农杆菌能将自身的基因导入植物中

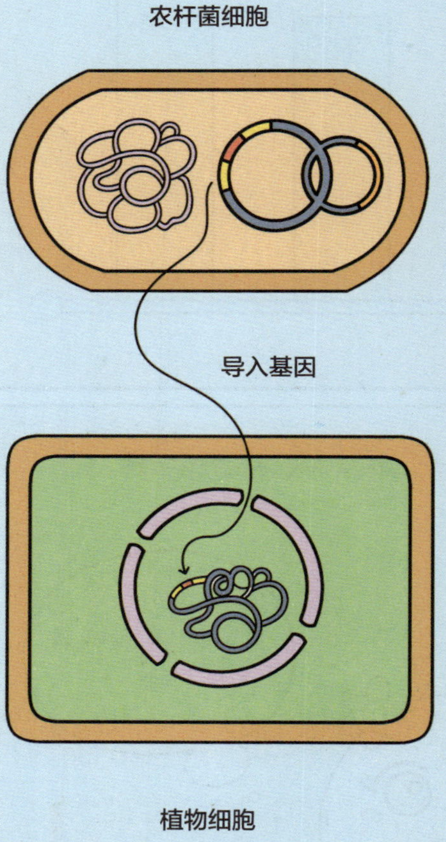

20 世纪 60 年代，比利时生物学家马克 · 范 · 蒙塔古发现了天然的植物转基因工程师——农杆菌。这种微生物具有将自身的 DNA 片段（基因）导入植物 DNA 中的独特能力。

农杆菌的这种导入基因的方法给科学家们带来了灵感。

1972 年，现代基因工程的创始人保罗 · 伯格，利用内切酶将两种病毒的 DNA 切割开来，随后使用连接酶将不同的 DNA 分子成功地连接在一起，创造了首批重组 DNA 分子。这一重大突破标志着基因工程技术的诞生。

美国生物化学家保罗 · 伯格及其创造的首批重组 DNA

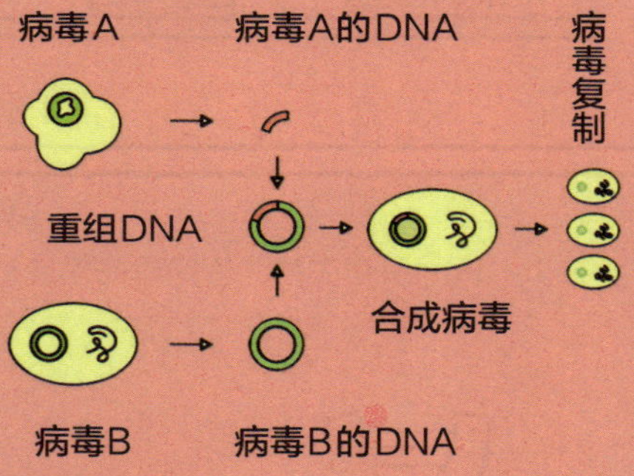

1973 年，斯坦利 · 科恩和赫伯特 · 波伊尔创造出第一个转基因生物（GMO）—— 一种经过基因改造的新型大肠杆菌。他们的这项开创性的工作开启了转基因技术应用的序幕。

20 世纪 80 年代后，转基因技术陆续在医药、农作物改良和食品等领域得到广泛应用。

1978 年，科学家们成功地将人的胰岛素基因插入大肠杆菌中，并通过大肠杆菌生产出了胰岛素。1982 年重组胰岛素获批大批量生产，这是世界上第一个基因工程药物的诞生。此后，人类所有用于治疗糖尿病的胰岛素都来自这些转基因细菌了。

细菌帮助人类生产药物

1994 年，美国市场上出现了第一个转基因食品—— 一种拥有转基因成分的保鲜番茄。这种番茄的 DNA 中转入了抵抗过度腐烂的基因，从而延长了其在货架上的陈列时间。

2015 年，转基因三文鱼首次在美国市场销售，这是全球首个进入消费市场的转基因动物。

转基因技术是将通过人工分离和修饰的基因导入生物体基因组中，以实现品种创新和遗传改良的目的。此外，也可以通过干扰或抑制基因组中原有某个基因的表达，去除生物体中我们不需要的特性，也就是我们常说的“遗传性状”。人们常提到的“遗传工程”“基因工程”“遗传转化”等均为“转基因技术”的同义词。

转基因技术应用规模最大的领域就是转基因育种。除了培育众所周知的转基因抗虫和抗除草剂农作物，转基因技术还被应用于培育多种作物新品种，以提高作物产量、改善品质、增强抗旱、抗寒及其他特性。

比如，有一种叫作 Bt 基因的杀虫基因，其产生的 Bt 毒蛋白杀虫效果又好又安全。于是，科学家们将 Bt 基因添加到了很多作物的 DNA 中，产生了抗虫玉米、抗虫棉花、抗虫大豆等转基因作物。

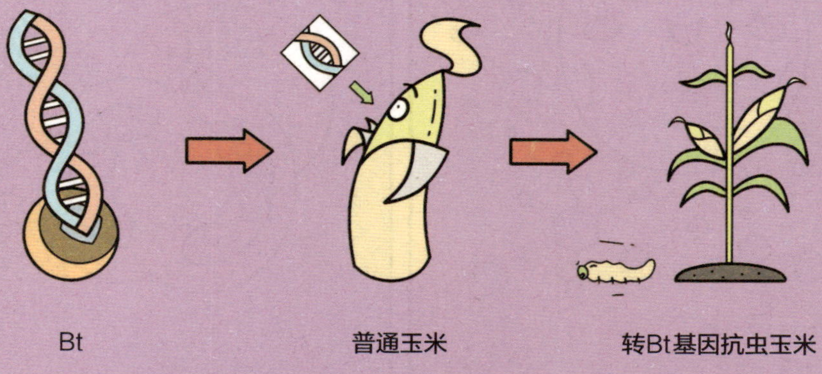

如今，转基因蔬菜、水果和粮食作物在全球范围内广泛种植。比如在美国，玉米、大豆、棉花的转基因品种种植比例均已超过 90%。这也引起了人们对食品安全的担忧。人类长期食用转基因农作物是否会对身体产生危害呢？

转基因的目的是为了增加或减少作物蛋白质等性状的表现，这些增加的或减少的基因都来源于自然界的现有生物，因此，不会带来更多的风险。

2012 年 10 月，美国科学促进会宣布，科学界已经明确表态：用现代分子生物技术改进的农作物是安全的。另外，世界卫生组织、英国皇家学会等权威机构也给出了相同的结论：食用含有转基因作物成分的食品，相比含有传统农作物成分的食品，并不具有更大的风险。

除了转基因动植物，20 世纪基因工程上的另一项伟大成就是克隆技术。

克隆是英文“clone”的音译词，原意指嫩枝的扦插，是一种无性繁殖方式。无性繁殖就是由母体的一部分直接形成新个体的繁殖方式。因此，利用克隆技术产生的后代，其遗传物质与原个体的遗传物质完全相同。

在自然界中，植物的克隆现象较为常见，例如，柳条的扦插、葡萄的嫁接等。人们可以利用这些方式将优良的作物品种扩大种植并长期保留。

然而，对于动物，特别是高等动物，通常采用有性繁殖方式，因此克隆出一个后代就不容易了。

那么，什么是有性繁殖呢？简单来说，它是指需要两性（雌性和雄性）生殖细胞参与的生殖方式。

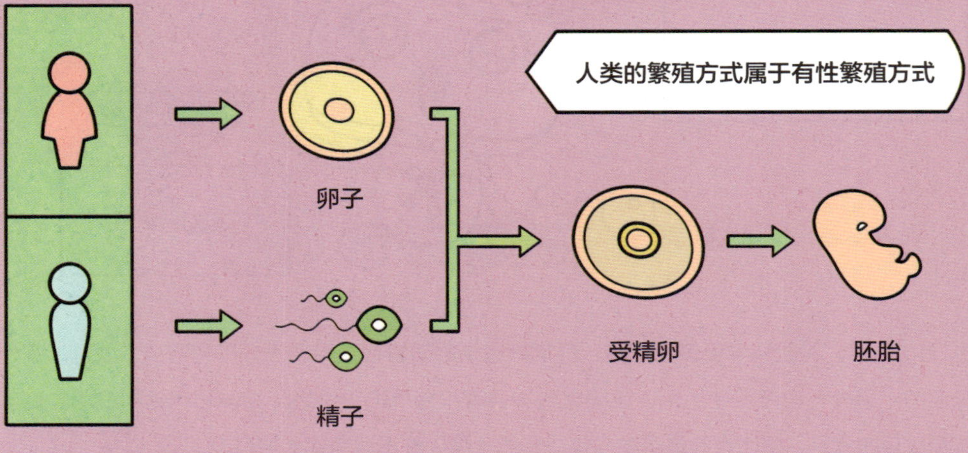

人体大约由 200 多种，100 万亿个细胞组成

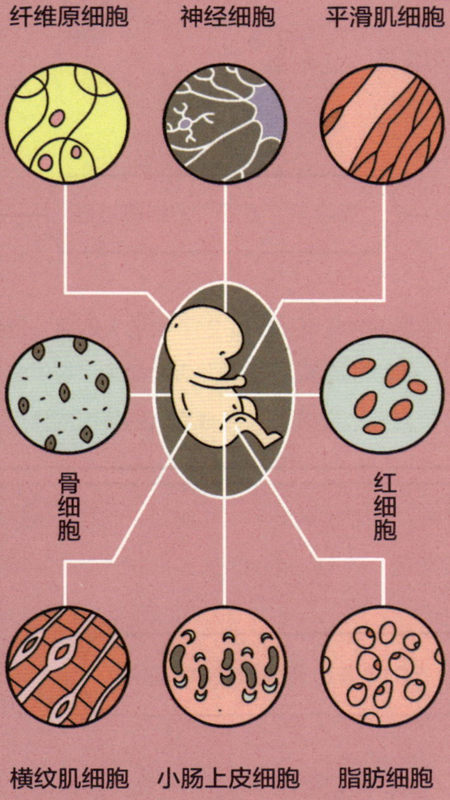

为什么动物难于克隆呢？

主要原因是动物的每一个体细胞在功能上已经高度分化，比如已经变成了皮肤细胞、脂肪细胞、肝细胞等。这些细胞无法像卵细胞一样有着分化的无限可能。那么，体细胞还有重新发育的可能吗？

1964 年，英国科学家戈登成功地找到了一种解决方案。他用非洲爪蟾进行了体细胞克隆实验。首先，他通过紫外线照射破坏了爪蟾卵细胞的细胞核；接着，他取出爪蟾的体细胞，再取出细胞核，将其放进已被破坏细胞核的卵细胞内。如此一来，爪蟾的体细胞核成为卵细胞的“新主人”。经过一段时间的发育，奇迹出现了——部分换核的卵细胞竟然长成了活蹦乱跳的爪蟾！

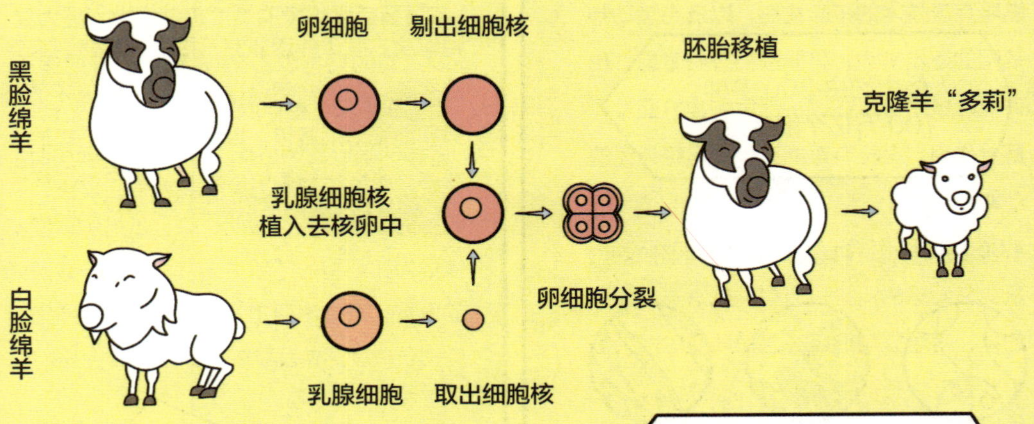

克隆羊“多莉”的培育过程

真正让克隆技术家喻户晓的是克隆羊“多莉”的诞生。

1996 年 2 月，英国《自然》杂志公布了威尔莫特等人的重要研究成果：经过 247 次的失败后，他们成功地通过无性繁殖产生了第一只哺乳动物，名为“多莉”的雌性绵羊。“多莉”完全继承了提供细胞核的那只母羊的遗传基因。这一发现瞬间引起了全世界的广泛关注，使克隆技术成为人们热议的焦点。

“多莉”的成功，鼓舞了全世界的科学家们。克隆哺乳动物如同雨后春笋般纷纷涌现：克隆鼠、克隆牛、克隆兔、克隆猪……当人类的近亲——猴也被成功克隆时，人们在感到惊喜的同时，也开始担忧起来：“克隆人”是否很快就要诞生了呢？

2018 年，克隆猴在中国诞生

显然，从伦理、道德、法律等各方面来看，人们都尚未做好迎接“克隆人”的准备。2005 年 3 月 8 日，《联合国关于人类克隆宣言》正式生效，宣言明确禁止一切形式的人类克隆。

随着克隆技术的不断成熟，以及克隆动物范围的逐步扩大，科学家们开始考虑，也许克隆技术可以在保护濒危物种方面发挥重要作用。甚至有可能克隆出已经灭绝的动物呢？

4 000 年前，体形巨大的猛犸象突然灭绝，从此在地球的历史长河中彻底消失。幸运的是，科学家们已经在西伯利亚的冻土层中发现了大量保存完好的猛犸象遗体。因此，科学家们已经取得猛犸象的高质量DNA 样本。

不过复活猛犸象的难度仍然很大，因为需要完整的猛犸象 DNA，用于换核的适于猛犸象 DNA 生存的卵细胞，以及适合孕育新细胞发育的母体。但愿现代生物科技能够让小朋友们早日看到“猛犸象公园”！

虽然克隆技术不能直接应用于克隆人类，但在医疗领域仍然具有广泛的应用前景。

干细胞是人体中尚不成熟的细胞，具有再生各种人体组织器官的潜在功能。2008 年，日本科学家利用人类胚胎干细胞培育出了能自我生长的脑细胞组织。

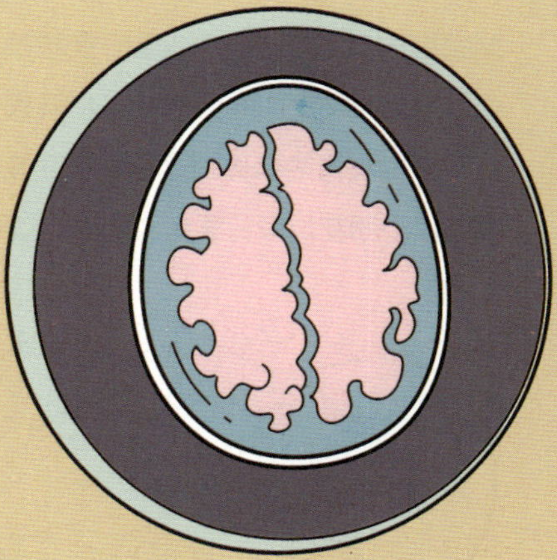

人工培育的微型人类大脑

人体“类器官”的培育和使用

此后，全世界的科学家们开始尝试利用人类干细胞来培育各种组织和器官，如肝、肾、胃、眼等各类组织。这些未发育完全的活体组织被称为“类器官”。它们具有真实器官的结构和功能，可以用于特定疾病的治疗实验和药物测试。

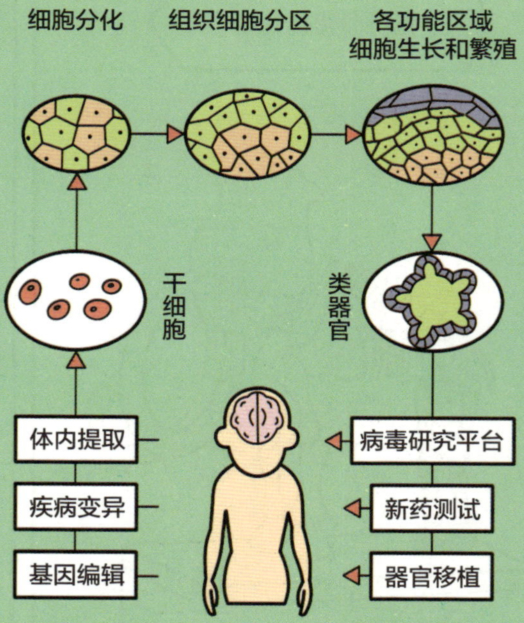

由此可见，克隆技术不仅为高等动物提供了一种新的繁殖方式——无性繁殖，还在濒危物种的保护和人类医疗等方面发挥着越来越重要的作用。

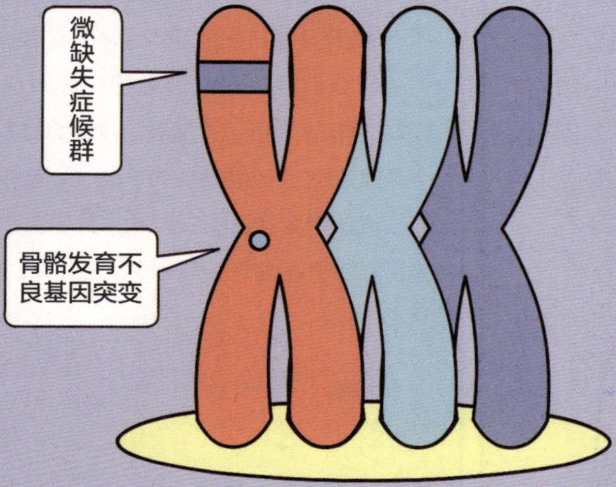

在每个人的一生中，或大或小、或急或慢的疾病不时发生，甚至与人相伴终生。疾病的种类繁多，其中绝大多数疾病都与人体内的遗传物质（DNA）有着直接或间接的联系。

DNA 上的基因通过指导对应蛋白质分子的合成，对我们的身体样貌产生决定性的影响，比如，眼皮的单双、肤色的深浅以及身体的高矮等。这是基因在正常状态下的工作成果。然而，当某个（某些）基因存在异常时，可能会直接导致疾病的发生，比如某些贫血症、白化病等；也可能间接地引发抗病能力的减弱，比如容易患近视、高血压等。

小朋友们还记得第四章中的那个比喻句吗？人体的 DNA 就像一套非常厚重的“46 卷”设计图，而基因就是按照顺序排列的一张张“图纸”。这些图纸指导生产各种蛋白质“构件”，最终组成我们的身体。因此，假如某张“图纸”（基因）出现问题，由它指导生产的“构件”（蛋白质）就会出现瑕疵或缺失，导致我们的身体出现疾病。

那么，医生应该怎么办呢？显然只有两种办法：一是补充“构件”（蛋白质），另一种就是更换“图纸”（基因）。

补充“构件”的方法相对比较容易实现，即向人体补充出现瑕疵或缺失的某种蛋白质。如果想要生产一种源自人体的蛋白质，首先，我们需要获取这种蛋白质对应的 DNA 片段（基因），然后，我们需要将这个基因片段连接到细菌的 DNA 上。这样，这些微生物就会日夜不停地为我们生产人体蛋白质了。这个过程被称为“重组 DNA 技术”。

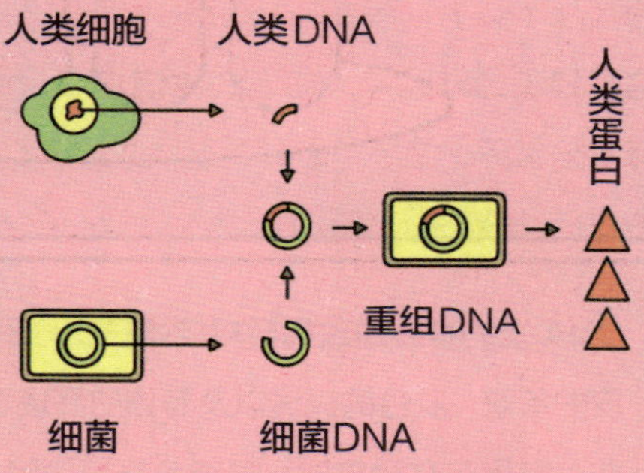

自 20 世纪 80 年代开始，重组 DNA 技术就已得到广泛应用，特别是在蛋白质药物的生产领域。然而，对患者来说，这项技术并不理想，甚至有可能带来很多麻烦。这是因为蛋白质在人体内是有生命周期的，这意味着患者必须定期进行再注射，以维持药物的有效性。

另一种方法，就是更换“图纸”的办法，又称为“基因治疗”。

20世纪90年代，基因治疗一度成为研究热点。科学家们利用“重组DNA技术”巧妙地将正常基因引入病人的人体细胞内，更换缺陷基因，从而重新赋予人体源源不断生产所需蛋白质的能力，以达到根治疾病的目的。

如图所示，科学家先取出存在缺陷基因的体细胞（①）；同时，准备好重组了健康基因的病毒（②）；再由病毒感染人体细胞，将这段健康的基因带入病人的体细胞中，更换掉缺陷基因（③）；最后将这些修改了DNA的细胞，重新注入病人的身体中，从而完成“基因治疗”。

基因治疗方法

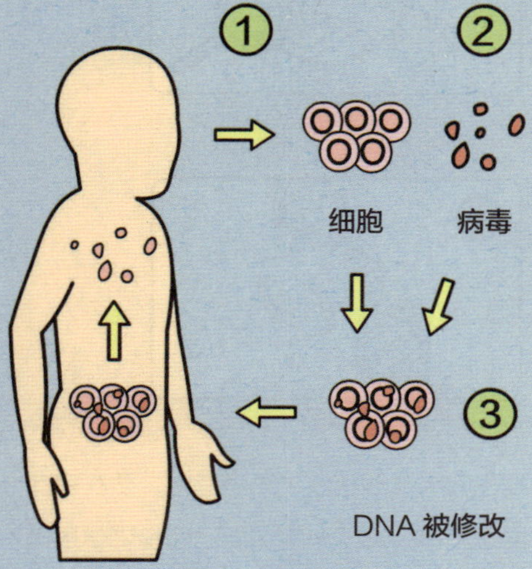

然而，1999年，一位接受基因治疗的青年不幸去世，其原因是这种由外部引入的基因引发了人体内部免疫系统的激烈对抗。这起悲剧给这项技术泼了一盆凉水。

可见，直接使用外部“图纸”，即从外部向人体引入基因的方法存在较大的风险。那么，是否可以在人体内部的基因上进行直接修改呢？科学家们提出了这个具有挑战性的想法，于是，“基因编辑”的概念应运而生。

在明确了问题基因（过程①）之后，进行精确的基因编辑需要三项关键技术：首先，需要准确的“定位器”（过程②），找到需要编辑的基因位置；其次，需要足够锋利的“手术刀”（过程③），能够切除目标基因；最后，需要有好用的“针线盒”（过程④），用于将断开的 DNA 准确缝合。

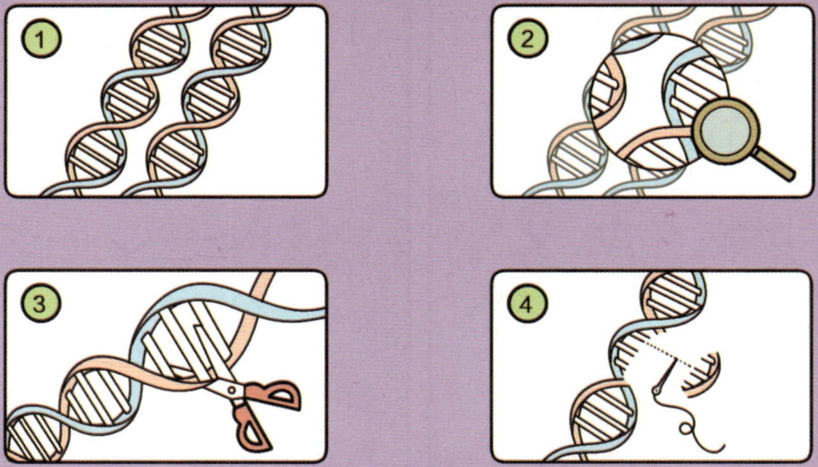

这三项关键技术的难点在于寻找合适的“定位器”。人类基因组包含约 3 亿个碱基对，要在如此庞大的基因组中准确定位某一特定的基因序列，其难度之大可见一斑。科学家们已经尝试使用锌指蛋白、“神话”蛋白作为“定位器”，但效果尚未达到理想状态。

直到 2012 年，一种名为“CRISPR”的细菌 DNA 序列被发现，超强基因“定位器”才宣告正式诞生。

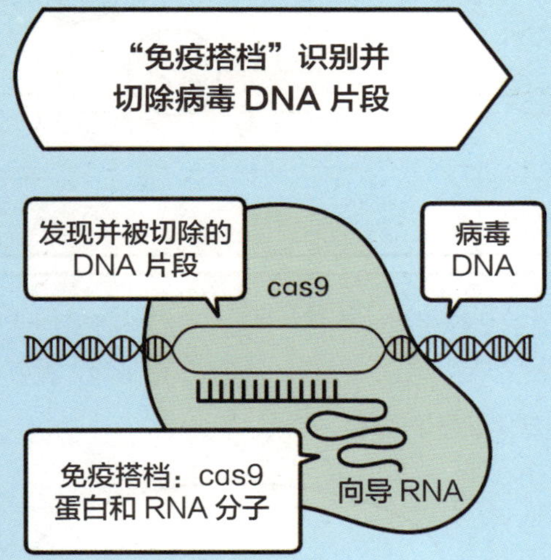

那么，“CRISPR”的神奇之处到底在哪儿呢？

原来，每当细菌受到病毒的入侵后，幸存下来的细菌，就将“CRISPR”连同一段病毒 DNA 整合到自身的染色体上，同时生成一对“免疫搭档”——一种 cas9 蛋白和 RNA 分子。当相同的病毒再次入侵时，这对搭档能够根据“CRISPR”中病毒 DNA 片段的样子，精准识别这种病毒，并立即切割病毒中的这段 DNA 片段，从而杀死病毒，完成免疫工作。

于是，CRISPR/cas9 系统被认定为新一代的基因编辑工具。不仅如此，科学家们还可以根据切割任务的需要人工设计向导 RNA，从而“指导”cas9 蛋白切割任意指定的一段 DNA 序列，这使得基因编辑技术真正成为一把“上帝的手术刀”！

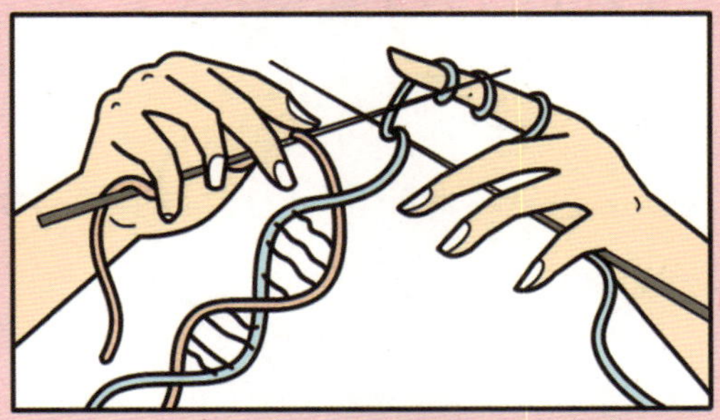

人脑的质量大约只有体重的 2%，但包含了大约 860 亿个神经元，这个数量是地球总人口 80 亿人的 10 倍多。每个神经元与 1 万到 1.5 万个神经元相互连接，这些连接点被称为“突触”，数量达到了惊人的 10 的 15 次方(1 的后面有 15 个零)，如此复杂的大脑结构演化出了人类复杂的情感和观念。

极为复杂的大脑

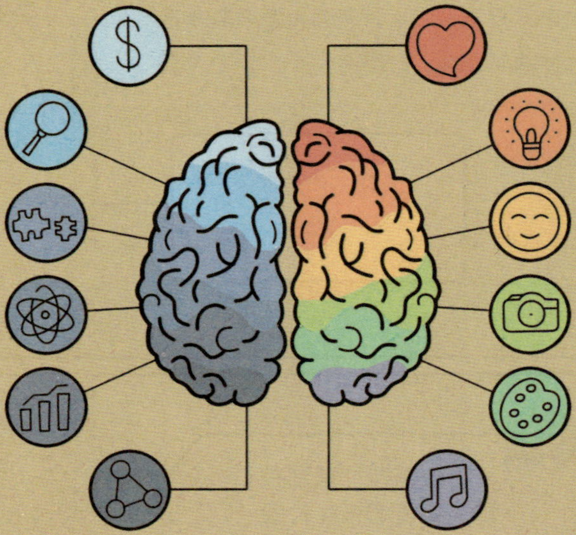

可是，大脑却是名副其实的耗能大户。它大约要用掉我们全身所需氧气的 25%，以及总耗能的 20%。这意味着，小朋友每呼吸 4 次，就有一次是为了给大脑提供氧气；每吃 5 口米饭，就有一口是为大脑提供能量。所以，要想保持聪明，小朋友需要好好吃饭，积极锻炼身体。

大脑的神秘引发了人们的无限遐想。在科幻小说《三体》中，当人类面临更高级文明的威胁时，他们选择将一个人类的大脑作为使者送给三体人。而恰恰是这个人类大脑窥探到了三体人文明的秘密。

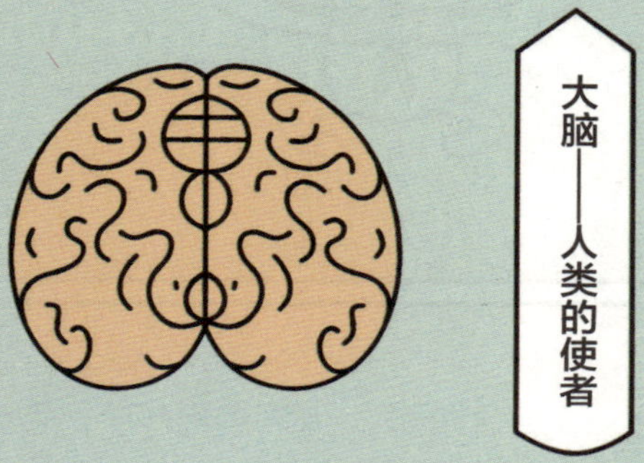

因车祸、意外造成的脑部或神经损伤，导致伤者瘫痪、失语，甚至变成了植物人；很多盲人、聋哑人无法与人正常交流，在黑暗寂静和痛苦中挣扎。

还有脑血管疾病、脑部肿瘤、老年痴呆……这些与大脑有关的疾病该如何治疗呢？

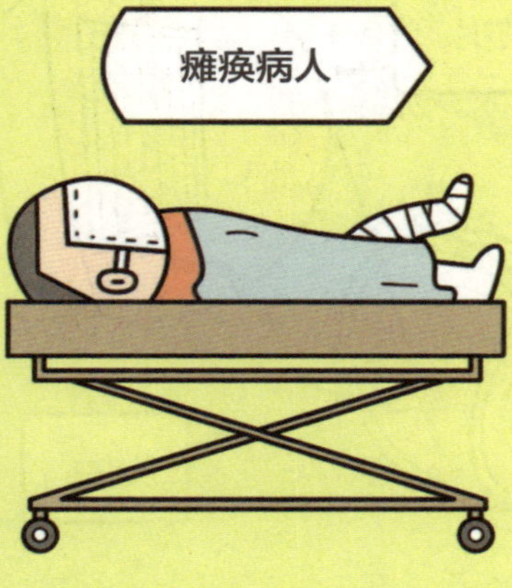

人类对大脑的深层次理解才刚刚开始。

科学家们发现人类的很多疾病和痛苦都与大脑有关。比如，当称赞某些“天才”时，我们常常会发现天才与疯子之间仅一线之隔，很多天才都受到精神类疾病的困扰。

1924 年，科学家们首次成功记录到人脑的脑电波，人类有了第一张“脑电图”。自此，科学家们终于找到了与大脑进行直接对话的途径。

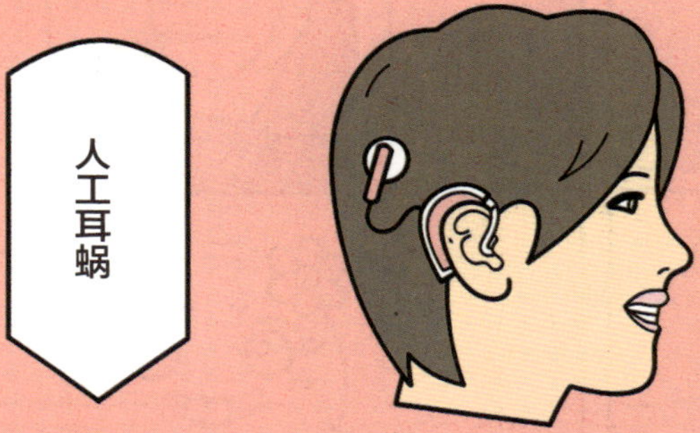

1961 年，豪斯医生完成了第一个人工耳蜗植入手术，成功帮助耳聋病人恢复了听力。时至今日，人工耳蜗已经成为最常见、最普及的脑机接口，将近百万听力障碍患者重新带入充满声音的世界。

人工视网膜

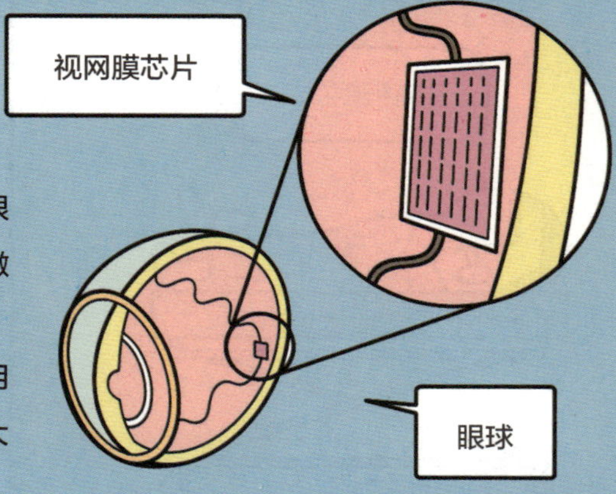

除了人工耳蜗，对于“仿生眼”的研究也很早就开始了。1968 年，科学家发现通过刺激大脑的视觉皮层，可以让盲人“看见”光点。2013 年，“人工视网膜”研发成功。它利用植入视网膜上的芯片，将视觉信号传输给大脑，从而让盲人复明。

2014 年 6 月 12 日，在巴西世界杯足球赛的开幕式上，一名巴西瘫痪少年用意念脑控外骨骼，在 7.5 万名现场观众和全球 10 亿多电视直播观众的见证下，成功完成了历史性的开球！

这位瘫痪少年佩戴了一顶能够接收脑电波的特殊帽子。为了控制外骨骼设备，他需要想象出运动的各个步骤，比如迈左腿、右转、踢球等。这些大脑信号被传输到他背包中的计算机里，再转化为控制外骨骼的指令。

巴西瘫痪少年用
脑控外骨骼开球

2016 年，我国的“天宫二号”开启了太空脑机交互实验；2017 年，Facebook 实现了意念打字；2019 年，清华大学实现了协助渐冻人通过意念打字；2020 年，科学家们给猪植入了脑控芯片。

脑机交互实验

脑机接口技术除了在恢复人体功能损伤方面取得了很大进展，如运动、视觉、听觉、语言等，还将在治疗脑疾病方面发挥巨大作用。

比如，脑部严重创伤、中风以及阿尔茨海默症都有可能造成记忆丧失。科学家伯杰设计出了一种芯片，当其植入受损的大脑后，可以模拟大脑神经元正常活动时的信号加工过程，从而帮助病人恢复记忆。

模糊的记忆被恢复

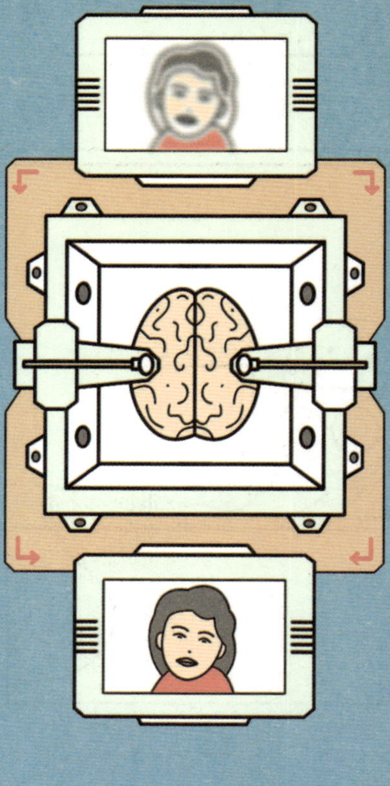

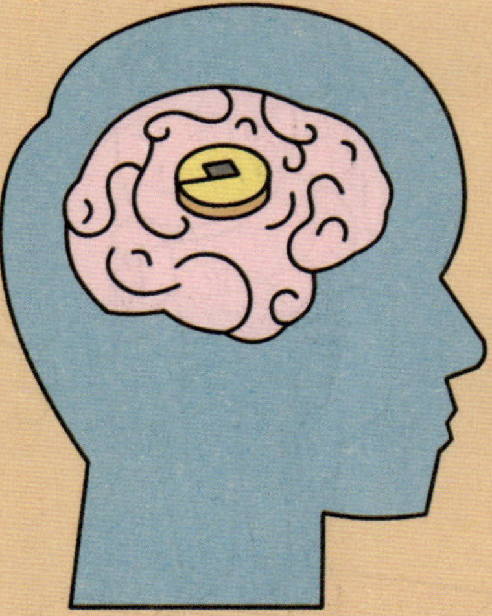

经过 100 多年的不懈努力，几代科学家的接力探索，使得人脑对话的大门逐渐敞开。与脑部有关的医学和科学领域不断涌现出各种奇迹，使得“脑机接口”正在成为现实。

秒懂未来科技

探秘元宇宙

图蓝 赛启团队◎编著

航空工业出版社
北京

内容提要

《秒懂未来科技》是一套专为孩子们设计的科普读物，它用漫画的形式，将复杂的前沿科技知识生动地呈现出来。这套书致力于向孩子们展示前沿科技的无穷魅力，激发他们对科技的好奇心。通过深入浅出的讲解，让孩子们了解每个科技领域的独特之处，从而点燃他们对科技的热情，启迪他们的梦想。

图书在版编目（CIP）数据

探秘元宇宙 / 图蓝，赛启团队编著. -- 北京 : 航空工业出版社，2024.4（2024.7 重印）
（秒懂未来科技）
ISBN 978-7-5165-3710-7

Ⅰ. ①探… Ⅱ. ①图… ②赛… Ⅲ. ①信息经济－青少年读物 Ⅳ. ① F49-49

中国国家版本馆 CIP 数据核字（2024）第 060605 号

秒懂未来科技 • 探秘元宇宙
Miaodong Weilaikeji. Tanmi Yuanyuzhou

航空工业出版社出版发行
（北京市朝阳区京顺路 5 号曙光大厦 C 座四层　100028）
发行部电话：010-85672688　010-85672689

艺堂印刷（天津）有限公司印刷　　全国各地新华书店经售
2024 年 4 月第 1 版　　2024 年 7 月第 3 次印刷
开本：787×1092　1/16　　字数：25 千字
印张：3　　定价：168.00 元（全 6 册）

前言

亲爱的小读者：

欢迎来到元宇宙的奇妙世界！

元宇宙是一个梦幻般的虚拟世界，其中有无数个精彩的岛屿和未知的星球等待我们去探索。它又是一个巨大的虚拟游乐场，我们可以创造属于自己的数字角色，和朋友们一起冒险，建造属于你的神秘城堡。在这个世界中，我们可以充分发挥聪明才智，像在现实世界中一样展示作品，创造财富……未来，我们的意识甚至有可能上传到数字空间中，实现电影中描绘的那样，获得更长久的数字生命。

除了“探秘元宇宙”外，《秒懂未来科技》丛书还介绍了其他五个有趣的前沿科技领域。通过生动形象的插图和富有启发性的文字，这套丛书将继续带你揭示神秘的量子世界，展望机器人的未来发展，深入了解智慧过人的人工智能，揭秘生命科学的无限可能，以及探索星际旅行的广阔前景。

亲爱的小读者，《秒懂未来科技》丛书是一套为孩子们精心打造的高品质科普读物，由多位科学家及学者组成的“赛启团队”共同创作。我们希望这套科普读物不仅能够解答你对未来科技的好奇和疑惑，还能激发你的探索欲望，让你在轻松愉快的阅读中，体验秒懂未来科技的乐趣。

愿你在书香中感受科技的魅力，点燃学习的激情，探寻无尽的奇迹！

祝阅读愉快！

赛启团队

2023 年 12 月

目录

小朋友们在家上网课的时候，老师和同学们能通过屏幕以视频会议的形式交流，是不是很神奇？这是现代互联网技术为我们带来的诸多便利之一。

但是，这样的网课也有明显的不足：老师无法走到同学们的身边进行示范和指导；同学们也只能被局限于屏幕上的一个个小方块内，每个人似乎都是孤立的，感觉不到周围同学的环绕。

这种“身临其境”的网课能否实现呢?

小意思啦,这只是未来“元宇宙”中的一个普通应用!

元宇宙，这个名字太奇怪了！那么，它到底是什么意思呢？原来它是由英文“Metaverse”翻译过来的，由 Meta（超越）和 Universe（宇宙）组合而成。元宇宙是一个虚拟的、数字化的三维世界，或者说是一个平行于现实世界运行的虚拟空间。

“元宇宙”这个概念最早出自1992 年美国作家尼尔 · 斯蒂芬森的科幻小说《雪崩》，意思是相对于真实的物理宇宙，还存在“超越或处于更高水平”的虚拟宇宙。因此，这个词当时又被译为“超元域”。

《雪崩》被认为是记录元宇宙概念起点的经典著作。主人公阿弘是一个厉害的黑客。他参与创建了一个叫“元宇宙”的虚拟网络世界。阿弘戴上类似 XR（扩展现实）的眼镜就能进入这个世界。因此不管在行走中、交谈中还是在工作中，他都能随时登陆元宇宙。

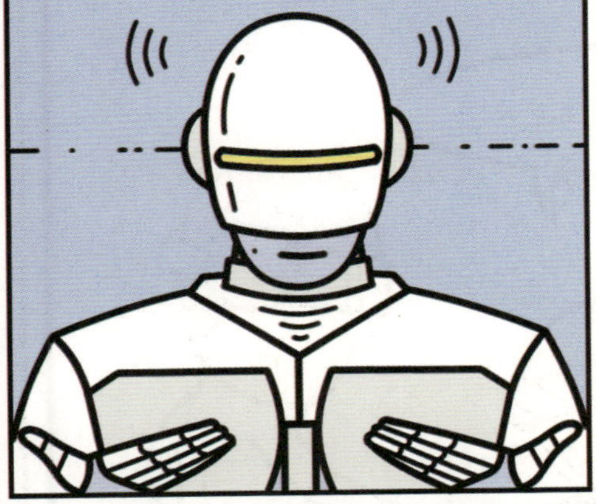

在小说中，“雪崩”是一种强大的病毒，既能在元宇宙中影响到人的化身，也能在现实世界中影响到他们的身体。

2011 年，另一本更有趣的元宇宙小说《头号玩家》出版。小说描绘了一个类似元宇宙的虚拟世界——“绿洲”。“绿洲”的创始人临终前宣布，找到“彩蛋”的游戏玩家可以获得他的亿万身家。于是，一场有史以来规模最大的虚拟世界寻宝冒险之旅就此展开……

2020 年 10 月，著名的人工智能计算公司的创始人、美籍华人黄仁勋在演讲中提到，“未来 20 年将与科幻无异，元宇宙时代正在向我们走来”。

另外，他的演讲中还有几个有关元宇宙的预测，值得关注。
首先，人工智能是这个时代最大的变革，人工智能最终还是要与元宇宙相连接。
其次，元宇宙不仅存在于游戏世界，还将与现实世界相关联，并且将通过模拟现实改变现实世界。
元宇宙将与人工智能相连接！
！

再次，元宇宙的虚拟世界不止一个，不同的元宇宙平台之间也将连接在一起。
最后，元宇宙再次受到关注，一时间虚拟世界成为全世界热议的焦点。
元宇宙成为焦点啦！

2021 年 4 月，黄仁勋再次发表演讲，不过这次是在他自家的厨房里录制的一段视频。在 1 个多小时的视频中，竟然有 14 秒是“虚拟黄仁勋”在代替真人出场演讲！因为效果过于逼真，在随后的 4 个多月里，全世界都没有人发现，直到他们“自爆”这段虚拟替身视频的制作过程后才引发外界轰动。

这正是该公司利用元宇宙编辑技术完成的杰作！今后，“元宇宙工程师”可以像编辑文档一样，设计 3D（立体）数字场景。

元宇宙的数字化身

在元宇宙相关数字技术的推动下，我们每个人都能摆脱物理世界和现实条件的约束，在平行于现实世界的虚拟世界里，创建一个理想中的自己，并用这个全新的数字身份娱乐、社交、学习，甚至还能进行日常工作。

在现实生活中，已经有人与元宇宙建立了联系，即他们有着各自的工作和身份，而在元宇宙中，他们既可能是一个拥有十几万粉丝的网红，也可能是网络游戏中的高级别骑士……

目前，元宇宙还处于发展的初级阶段，但随着技术的不断进步和普及，未来元宇宙有可能成为我们的一种生活方式。

2021 年，正是新冠疫情肆虐全球之时，元宇宙概念被点燃，难道它们之间存在着某种关联吗？

当时，全球大多数航班取消，人们跨国工作或旅游受到很大的影响；日常工作和社交活动也被迫减少……在这种情况下，人们开始转向线上活动。因此，线上游戏和社交活动普遍增多。不少原本需要在办公室里完成的工作也被迫转移到了线上，孩子们则开始在家上网课。

网络会议

在线毕业典礼

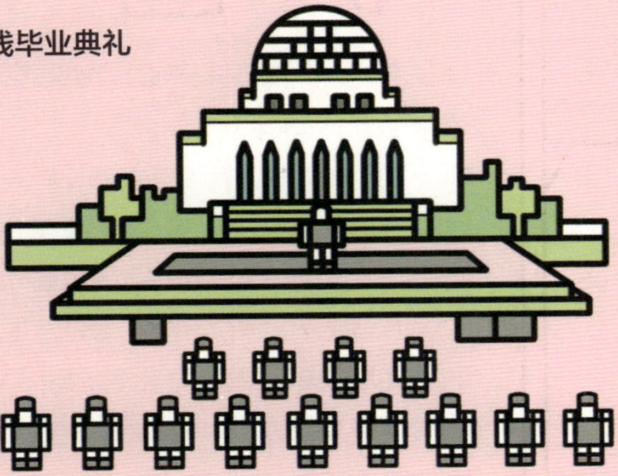

还有一些集体活动也在线上开展，比如，毕业典礼、音乐会等。

2020 年，美国哥伦比亚大学的师生还通过网络搭建了一个数字校园，使得毕业生在没有返校的情况下，成功举办了在线毕业典礼。

2020 年 4 月，元宇宙音乐会在电子游戏 Fortnite 中举行，全球有近 1 200 万人在线观看了表演。

元宇宙音乐会

大量的实践已经证明，人们可以像在现实世界中一样，在虚拟世界里工作、学习、社交和娱乐。

其实，人们早就在元宇宙的场景中获得了初步的体验。

2018 年，由小说《头号玩家》改编的电影上映。现实世界中的主人公只是一个生活在贫民窟里毫无存在感的普通人，可是在虚拟世界的绿洲中，他却是一个受人喜欢的超级英雄。两个世界的强烈对比，引起了人们对元宇宙的极大兴趣。

电影《头号玩家》

游戏《第二人生》

不过，相较于小说和电影来说，游戏更能让人身临其境，并为之疯狂。

2003 年，一款早期的元宇宙游戏《第二人生》上线。它的主旨就是“让第二个人生在虚拟世界里生活”。游戏的自由度很高，玩家既可以以动漫、动植物或者怪物的“化身”登陆游戏，在游戏中自由地聊天、旅游、狩猎或者战斗，还可以用通用货币买地建房、交易赚钱，更可以让用户体验到很多在现实世界中难以体验到的事情。

与元宇宙相关主题的游戏有很多，目前最受欢迎的要数“Roblox”游戏平台。它的特点是每个人既可以是游戏的玩家，也可以是游戏的创造者，并且可以通过搭建新的游戏获得收益。玩家需要创建化身登陆平台，然后在 700 多万游戏开发者创作的 1 800 万款游戏中选择自己想玩的游戏。

游戏《罗布乐思》

马斯洛需求层次理论认为，只有当基本的生理需求和安全需求得到满足后，人类才会有更高的精神需求。现实生活中，社交需求、尊重需求和自我实现需求都较难得到满足，尤其是自我实现需求的门槛太高，只有一小部分人能够真正实现。

马斯洛需求层次理论

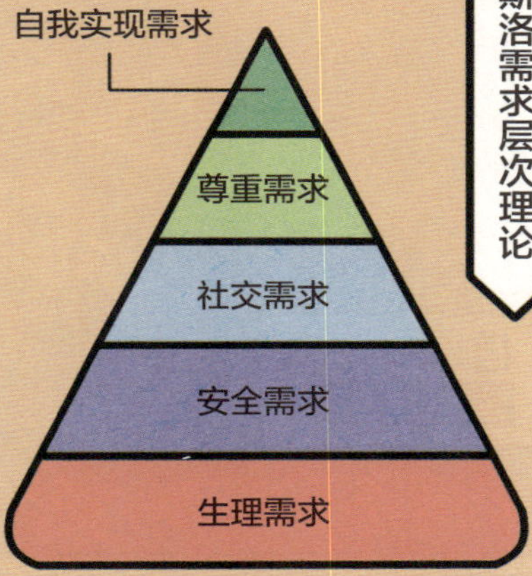

在元宇宙游戏中，想要实现更高层次的需求就简单多了：人们可以自由社交，获得归属感；可以创作作品，赢得尊重；可以干一番轰轰烈烈的“事业”，实现自我价值；还可以不受年龄、性别、健康状况，甚至生老病死的影响，不断复活，重启人生。

元宇宙除了能满足人们游戏、娱乐、社交、自我价值等精神层面的需求，还能帮助人们工作呢！把物理世界中的实物“复制”到数字空间中，使得数字物体与实物完全一致，这就是“数字孪生”技术。这项技术可以让千里之外的工程师，在不到现场的情况下，通过数字孪生工厂指导现实中的工厂完成工作。

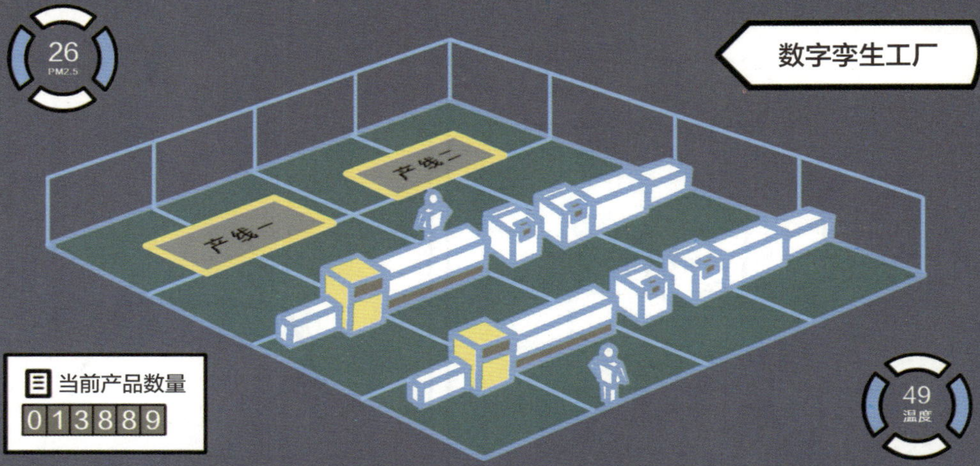

预计到 2035 年，航空公司在接收一架新出厂的实物飞机时，将同时验收它的数字孪生飞机。根据历史数据，数字孪生技术既可以预测飞机关键组件的寿命，从而降低飞机的故障率，还可以在飞机执行任务前，进行合理的飞行任务规划。

主体

数字孪生体

元宇宙还能实实在在地创造财富，这也大大增加了它的吸引力！

元宇宙主题的游戏都有各自的“代币”。这些代币可以在游戏内部流通并用于各种用途。玩家既可以用代币更换皮肤、买卖道具，也可以购买土地、收取租金，还能从销售新的作品和游戏中获得报酬……

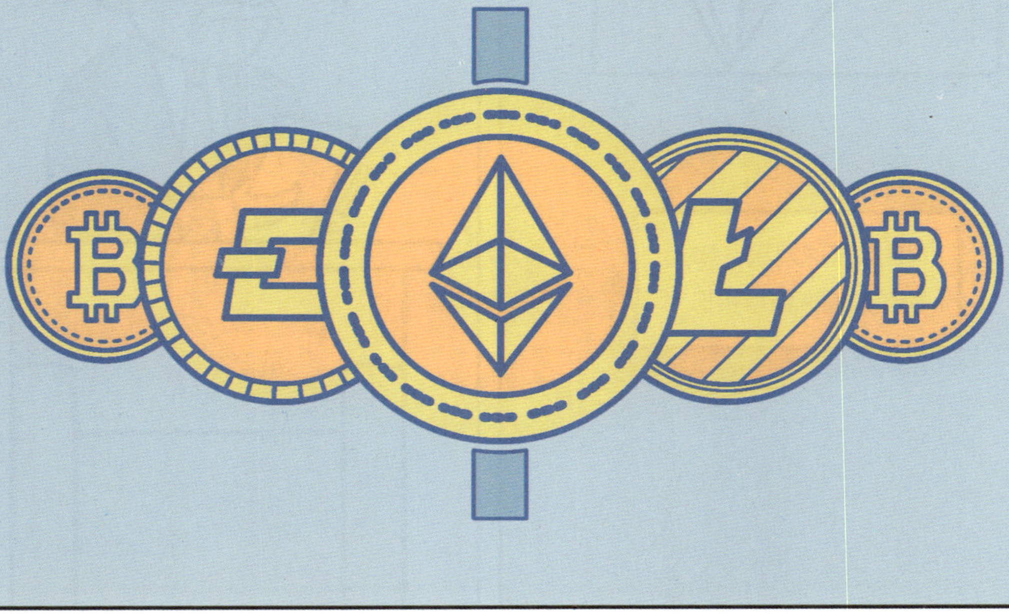

如今，加密技术的进步使得数字内容的交易更为广泛，比如数字艺术品交易等，从而极大地拓展了元宇宙的经济功能。
NBA 篮球明星，库里购买的猿猴数字头像

因此，当元宇宙的概念再次被提起时，它迅速吸引了科技公司、游戏开发者、创意艺术家和投资者的兴趣。
元宇宙

第二章中介绍了元宇宙在娱乐、教育和社交上的一些早期应用，那么真正的元宇宙时代是不是已经到来了呢？

为了说清楚这个问题，小朋友还是先来了解一下网络游戏要成为元宇宙所需要具备的条件吧！

真正的元宇宙游戏，至少要满足人们的如下需要。

首先，需要高度自由的环境。现实生活是连续而自主的，虽然元宇宙是虚拟的，但是人们的体验要像在现实生活中一样。玩家可以自主地创建自己的游戏世界、游戏角色和故事情节，并且可以自由地发展自己的虚拟人生。

其次，需要更多的交互手段。在游戏中，当碰到其他角色后，玩家不能只使用语言来沟通交流。虚拟场景中的三维化身，也应该可以使用手势等身体语言进行交流，包括通过物品交换、结伴旅行等方式拉近彼此的距离。

第三，需要获得现实的收益。玩家在游戏中自由地创作作品、建房出租、销售装备等，不仅可以赚取游戏中的“代币”，还能兑换成现实世界中的货币。

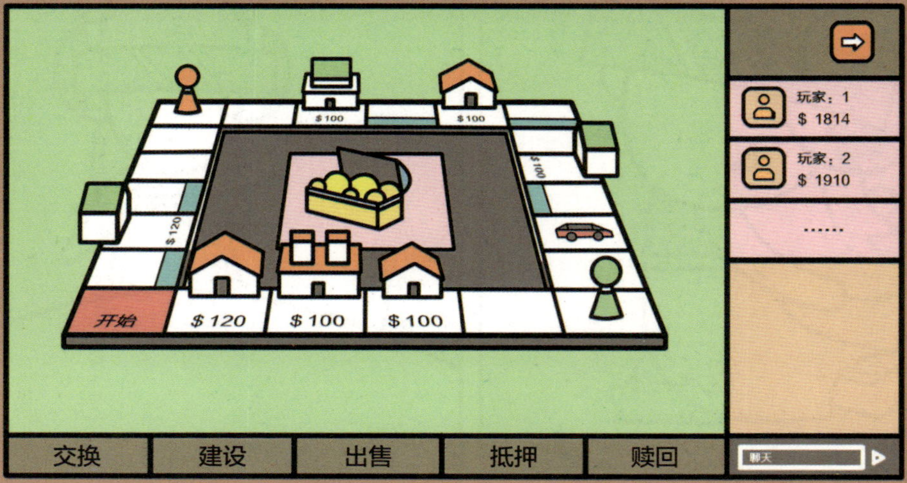

第四，不同的元宇宙平台之间可以交叉连接。人们既可以突破“围墙里的快乐”，使用不同的游戏平台一起玩游戏，还可以录制游戏中自己化身的样子，在其他社交媒体上分享照片和视频，炫耀自己的角色……

可是，当前的网络游戏都还不具备上面所说的要素。因此，它们还算不上是真正的元宇宙。

作为元宇宙应用场景的先行者，网络游戏尚且做不到，其他元宇宙的应用差距就更大了。可见，目前元宇宙仍处于发展的初级阶段。

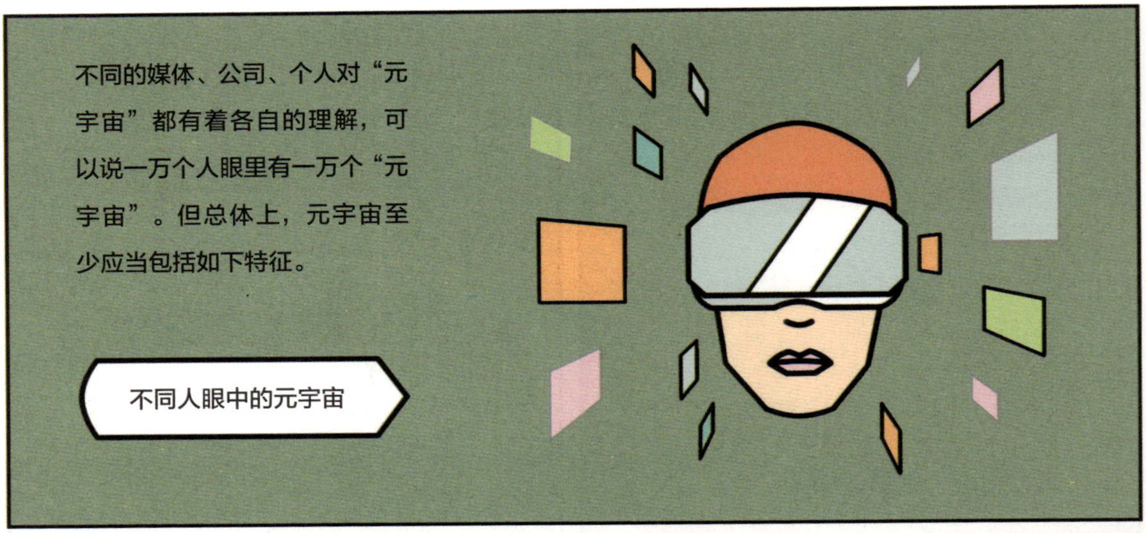
不同的媒体、公司、个人对“元宇宙”都有着各自的理解，可以说一万个人眼里有一万个“元宇宙”。但总体上，元宇宙至少应当包括如下特征。
不同人眼中的元宇宙

持续性：元宇宙世界永久存在；
可创造性：元宇宙的内容可以由任何个人或者团体创造；
可连接性：数字资产、社交关系、数字物品等既可以在各个元宇宙平台之间自由转换，也可以在“虚拟世界”和“真实世界”之间转换；
在虚拟世界和现实世界之间转换

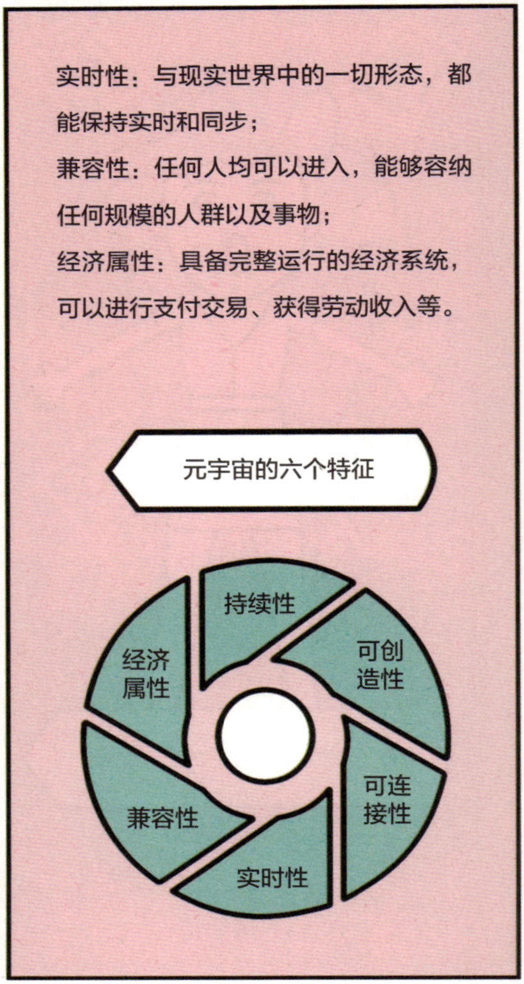
实时性：与现实世界中的一切形态，都能保持实时和同步；
兼容性：任何人均可以进入，能够容纳任何规模的人群以及事物；
经济属性：具备完整运行的经济系统，可以进行支付交易、获得劳动收入等。
元宇宙的六个特征
持续性
可创造性
可连接性
实时性
兼容性
经济属性

实现元宇宙的这些特征，需要一系列软件和硬件技术的突破，主要包括区块链技术、交互技术、电子游戏技术、人工智能技术、网络及运算技术、物联网技术六类技术板块。

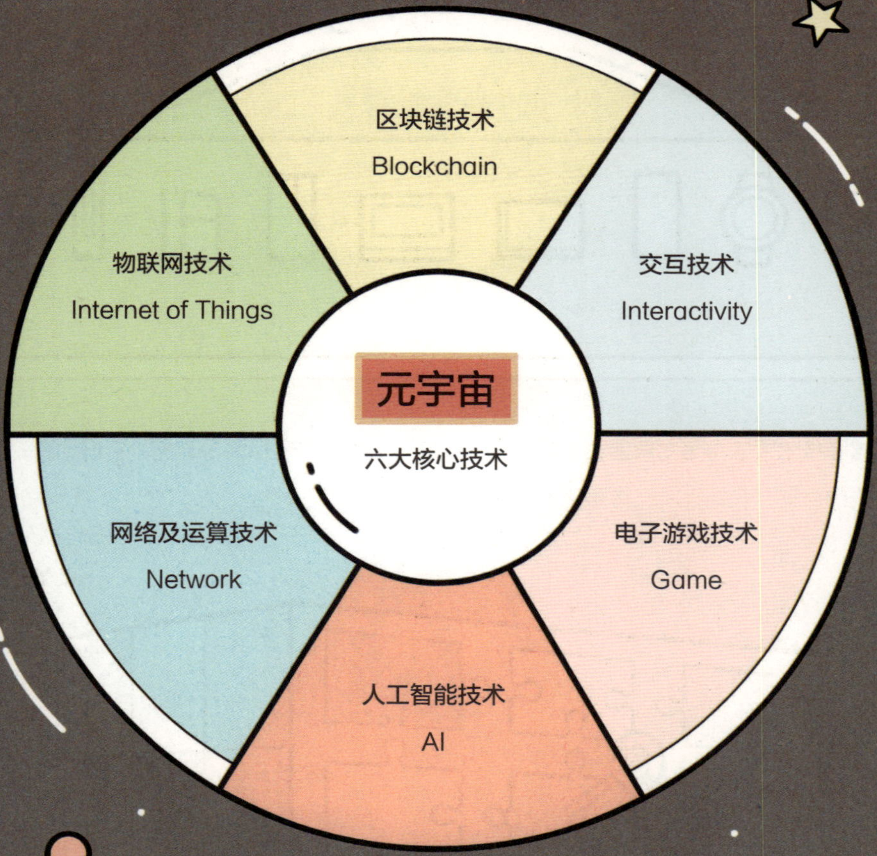

实际上，每个核心技术板块都包含了许多细分的前沿技术。

比如，交互技术板块包含了虚拟现实（VR）、增强现实（AR）、全息影像、脑机交互及体感等技术。

再比如，物联网技术板块包含传感技术、通信技术、位置感知技术、数据存储和处理技术等。2023 年 8 月，鸿蒙 4.0 操作系统发布。它将人、设备、场景有机地联系在一起，创造了一个超级虚拟终端互联的世界。

这些核心技术的名字虽然看上去似乎不太“友好”，可是内容却非常有趣。它们像打开元宇宙世界的六把“金钥匙”，请跟随小元一起来探秘吧！

20 世纪 90 年代初，互联网开始商业化。专业的开发人员以文本和图像的形式提供信息，构建网站，用户只能检索有关信息，不能参与互联网建设，这个阶段的互联网又被称为“Web 1.0”。

相对于早期的互联网，Web 2.0 的内容是由全体网民共同参与、共同创造的结果，这也是被称为“去中心化”的网络模式，即任何人都可以在网络上表达自己的观点或者发表原创作品，而不是“中心化”的少数人的专利。

Web 2.0 的“去中心化”模式降低了生产内容的门槛，提高了网民创作内容的积极性，使得互联网的内容更加丰富和多元化。与只能通过“中心化”的平台获取信息的 Web 1.0 时代相比，这取得了很大的进步。

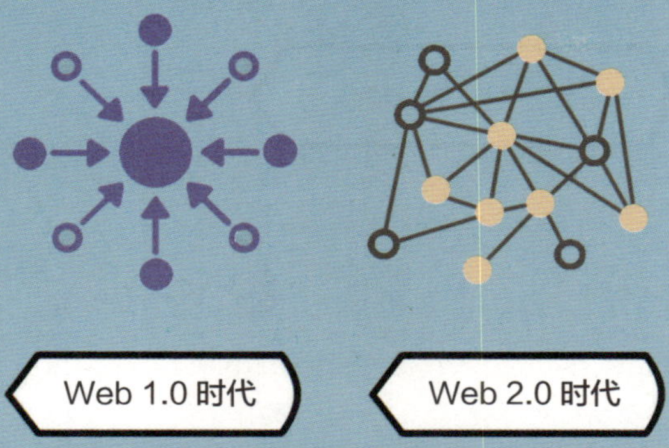

但是，Web 2.0 也存在一些明显的缺点，其中一个主要问题就是创作者的数据、作品等劳动成果无法获得经济回报，网络模式缺乏商业价值。

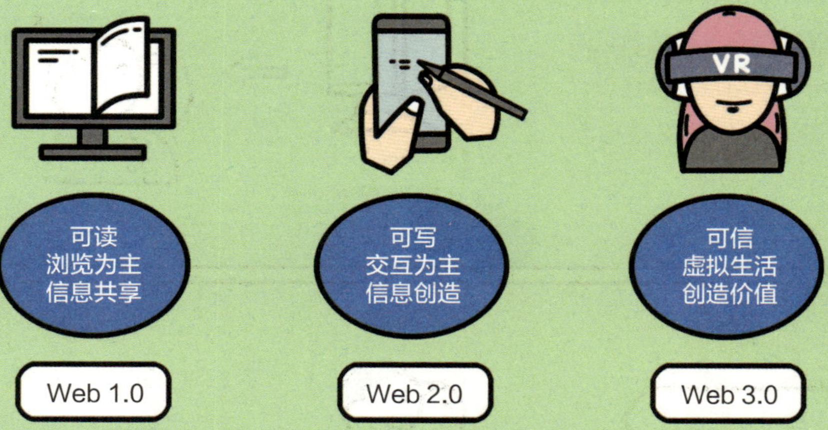

2014 年，Web 3.0 的概念应运而生。它既保留了 Web 2.0 的“去中心化”的优点，又能均衡地实现网民的劳动价值。

在 Web 3.0 的网络环境下，用户只需要打造一个通用数字身份，便能通行网络。在互联网上，每个用户都拥有自己的数据，并能在不同的网站上使用。

数字身份，通行网络

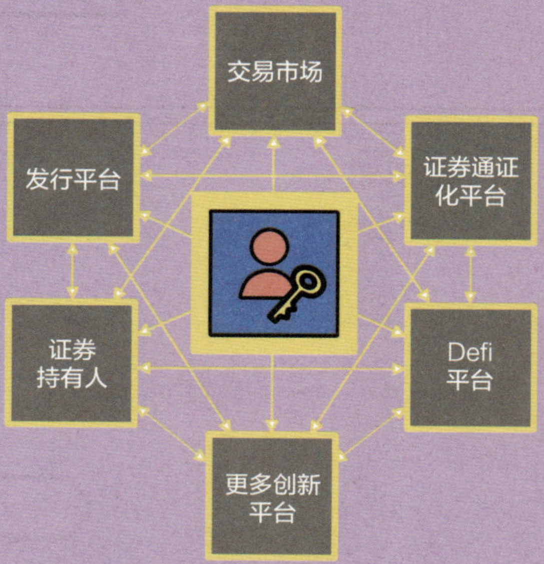

Web 3.0 是如何做到这些的呢？因为它是一个运行在“区块链”技术之上的互联网。

所谓“区块链”，就像是一连串包含信息的“珍珠”（区块）连接而成的“项链”（链条）。每一个区块中保存的信息，都按照各自产生的时间顺序连接，形成的整个链条被保存在所有的服务器中。在区块链系统中，每台服务器就是一个节点，它们为整个区块链系统提供存储空间和算力支持。

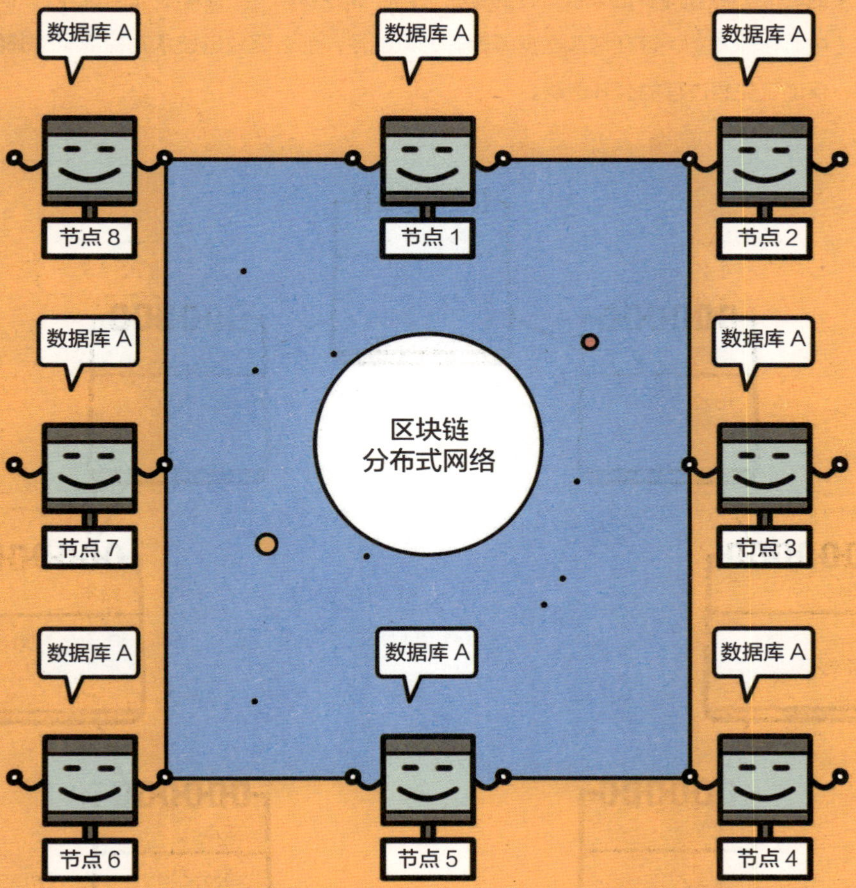

如果要修改区块链中的信息，所有节点中的信息就要同时被修改。也就是说，每一次信息改动，所有人都会知道，这使得区块链具备了防伪和追溯功能。正因如此，区块链技术也成为解决互信问题的重要工具，使用区块链技术记录的信息也更加真实可靠。

数据难以篡改既是区块链技术的主要特点，也是 Web 3.0 区别于传统网络的根本之处。区块链技术解决了元宇宙中的信任问题和安全问题，使得虚拟环境下的经济活动有了保障。

从记录交易过程的角度看，区块链是一个“去中心化”的账本，又称为“分布式账本”：网络中的每个节点都同步记录着一样的账目，共同保存着同一个账本。如果说传统的单一账本（中心化账本），存在篡改数据等舞弊的可能性，那么区块链技术则杜绝了作弊的可能性，保证了交易过程的公开透明。

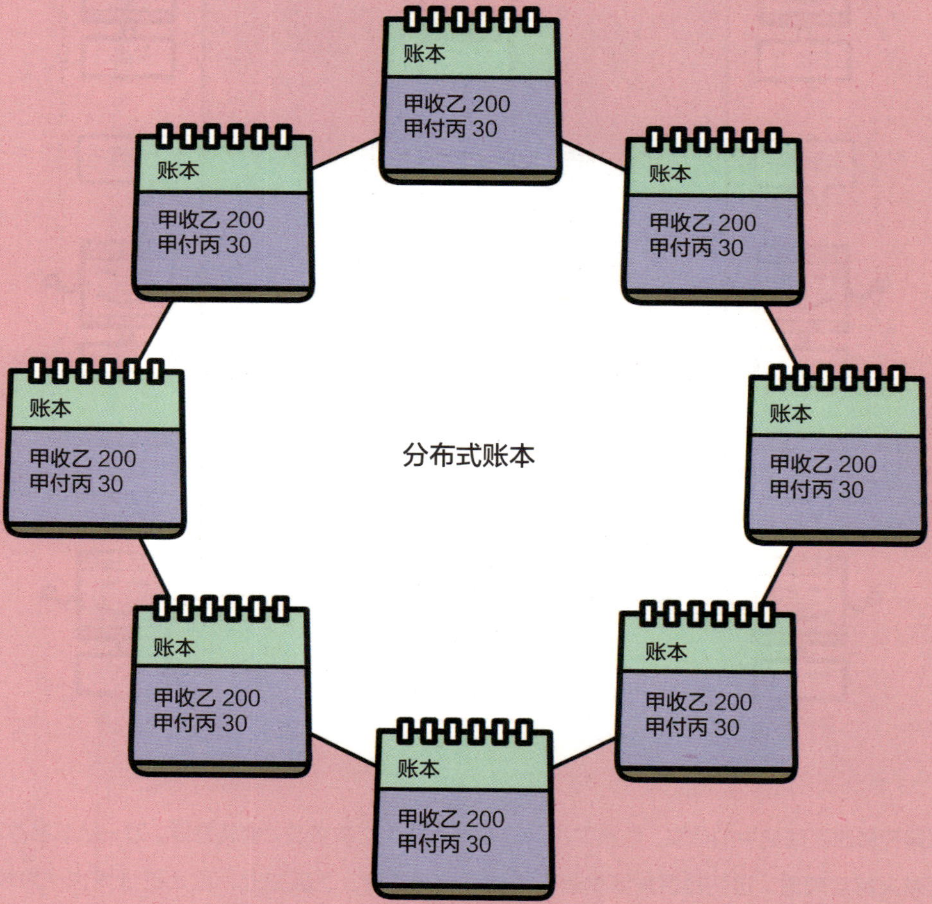

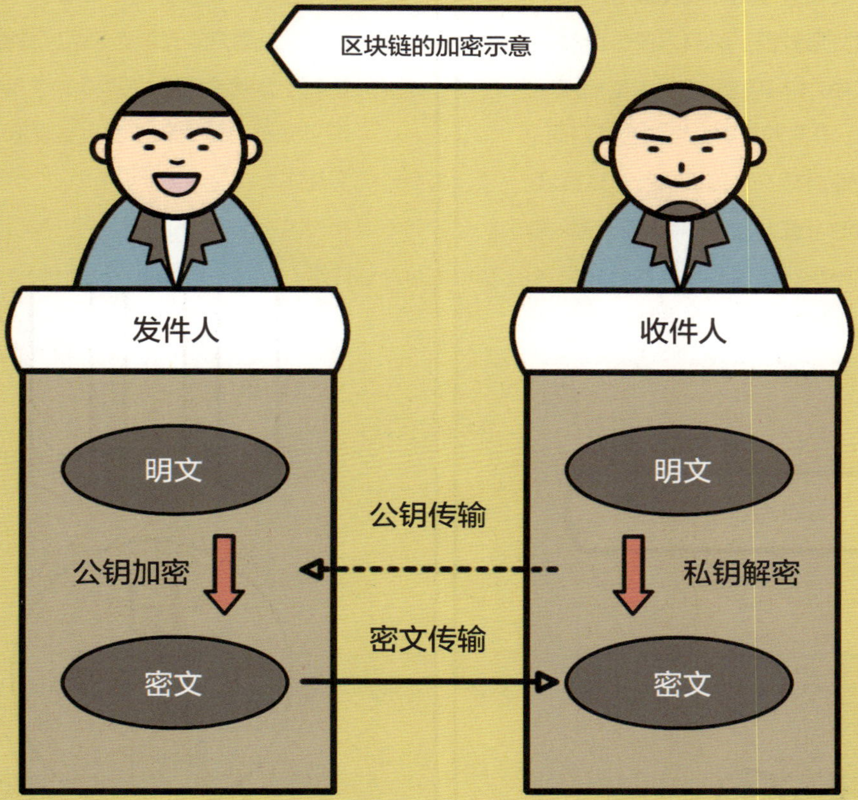

区块链上的交易信息虽然是公开的，但账户身份信息却是高度加密的，从而保证了数据和隐私的安全。

这是怎么回事呢?

区块链采用非常有效的加密方法。这种加密方法的步骤是：第一步，收件人生成一对密钥，一个为公钥（加密密钥），另一个为私钥（解密密钥），并将公钥传输给发件人；第二步，发件人将明文用公钥加密生成密文，再将密文传输给收件人；第三步，收件人收到密文后，再用手中的私钥还原密文，完成解密。加密密钥是公开传输的，因此又称为公钥；而解密密钥始终在收件人手中，因此又称为私钥。

有了可信赖的网络环境，还可以进一步简化交易过程。比如，在传统的交易方式中，许多过程需要人工参与；再比如，交易双方需要事先签订合同，有时还需要第三方见证执行。过程烦琐，费时、费力，还费钱。能不能将一些便于执行的规则和条款预先写入程序，一旦条件达成，便可以自动执行这些条款呢？答案是可行的！

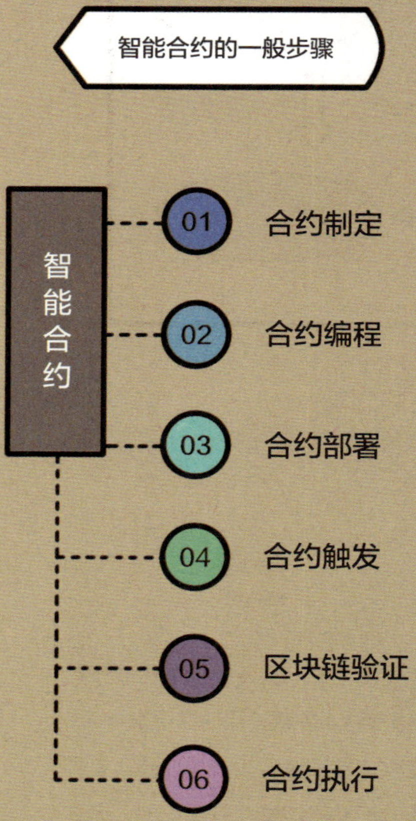

这种不需要传统合同，自动执行有关条款的交易方式又叫作“智能合约”。相较于传统合同，“智能合约”既提高了交易的效率和速度，又降低了交易成本。

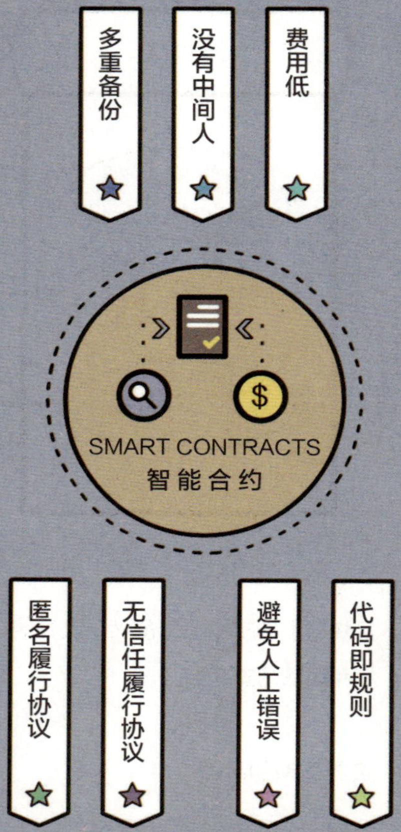

正是因为有了以上安全和可信的技术保障，Web 3.0 被认为是一个开放的、无须第三方认可和授权的网络。

2009 年，加密虚拟货币（比特币）和区块链技术开始首次应用。
比特币有什么特点呢？
不需要实名认证
不用提供个人信息
可交易兑换成美金

比特币是一种数字货币。它具有许多优势：首先，它可以进行在线交易，方便快捷；其次，它的价格像股票一样时涨时跌，可作为一种投资工具。此外，比特币不受地域和国界的限制，其交易速度比传统的银行系统更快，而且费用更低。
比特币的价格有波动哟！

随着比特币的成功，利用区块链技术创建的其他虚拟货币，如莱特币、以太坊等也相继出现，这些虚拟货币各自具有不同的技术特点和用途。因此，虚拟货币已经成为金融领域的一个重要组成部分。

区块链技术除了可以应用在虚拟货币上，还可以应用于哪些领域呢？人们一直在不断地探索其潜力。2014 年，人们在数字资产（可以理解为数字形态的“物品”）上找到了新的应用，它被称为“NFT”。

什么是 NFT 呢？ NFT 是英文“Non-Fungible Token”的缩写，意思是非同质化代币。它是区块链网络里的数字权益凭证。

什么是同质化、非同质化呢？举个形象的例子：昨天，小朋友向同学借了一枚比特币，通过网购花掉了，那么今天还钱的时候，给他另一枚币值相等的比特币就可以了。虽然前后的比特币并不是同一枚，但价值是相同的。因此，它们是同质化的。如果借的是一只小猫，那么还的时候，就必须是同一只了，随便找一只其他的小猫，你的同学是肯定不会同意的，说明两只小猫是非同质化的。由此可见，是否可替代就是同质化与非同质化的最大区别。

同质化 Fungible	非同质化 Non-Fungible
$1 = $1	 ≠ 
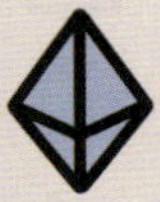 = 	前排 ≠ 后排
 = 	 ≠ 

由于数字资产是以电子数据形式存在的，具有可复制性，而且所有复制品都一模一样，小朋友想一想，有什么办法把它们区分开吗？

还真有，无论是什么数字资产，首次生成的时间是唯一的，后来所有复制品的时间都要晚于这个时间。NFT 利用区块链技术将其打上时间标记后，它在虚拟世界就是唯一的了。

每个 NFT 都有独特的标识符，使其不同于其他 NFT。这意味着每个 NFT 可以代表独一无二的数字资产，比如艺术品、音乐、视频、游戏、虚拟房地产等。每个 NFT 都是独特的、唯一的，无法被复制或替代的。购买 NFT 的用户就相当于购买了该数字资产的唯一所有权，这在数字艺术品和收藏品领域尤其重要。因此，NFT 已经成为数字收藏品的一种形式。人们可以购买和拥有数字收藏品，就像购买实物收藏品一样。

另外，NFT 也为数字创作者提供了一种全新的收入和创造价值的方式。艺术家、音乐家、游戏开发者等可以通过 NFT 创建、销售和交易数字作品。

例如，2017 年，从事手机游戏业务的约翰和马特，开发了一款像素头像生成器——可以制作很多有趣的像素头像。他们先设定了头像的很多属性，如物种、性别、肤色、发型、配饰等，再将它们自由组合，生成了 1 万个尺寸为 24 × 24 像素的头像，取名为“加密朋克”。

2021 年 5 月，在一场全球顶级拍卖会上，拍品不是什么古董名画，而是 9 个纯数字化的加密朋克 NFT。这些加密朋克正是约翰和马特开发的那批像素图像！

拍卖之后，NFT 会对加密朋克进行确权，即 NFT 将所有者的地址与加密朋克关联起来，并上传到区块链上，从而明确它的所有权归属。确权之后，这些虚拟物品的“主人”只有一个，而且不再需要任何第三方（中心化的）机构予以确认。

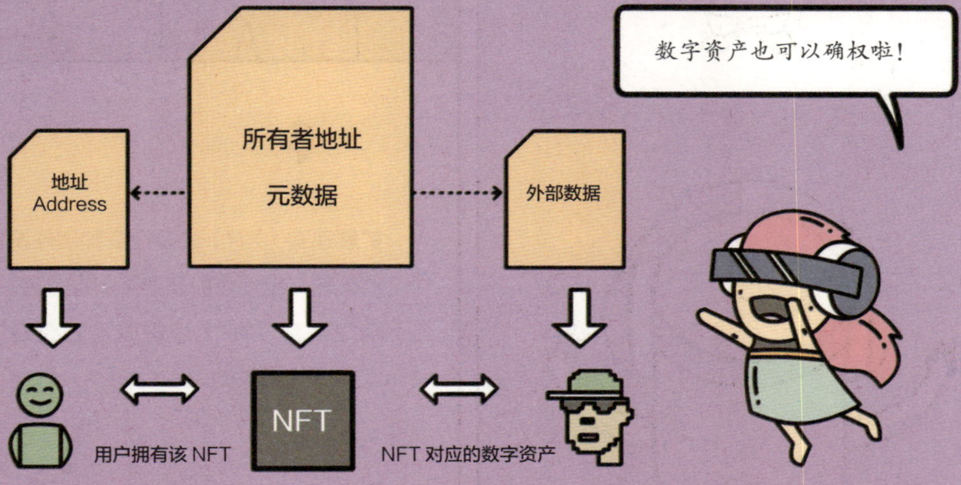

元宇宙是一个平行于现实世界又独立于现实世界的虚拟空间，当用户“进入”其中之后，如何才能获得身临其境的真实体验呢?

元宇宙的虚拟世界需要提供多维感官交互，给用户带来逼真的沉浸式体验。这需要一系列技术设备的支持，主要有扩展现实（XR）设备、输入设备、全息投影技术、体感技术、脑机接口技术等。

扩展现实（XR）设备是多种硬件设备的统称，包括虚拟现实（VR）设备、增强现实（AR）设备以及混合现实（MR）设备等。

头戴式显示设备（头显）

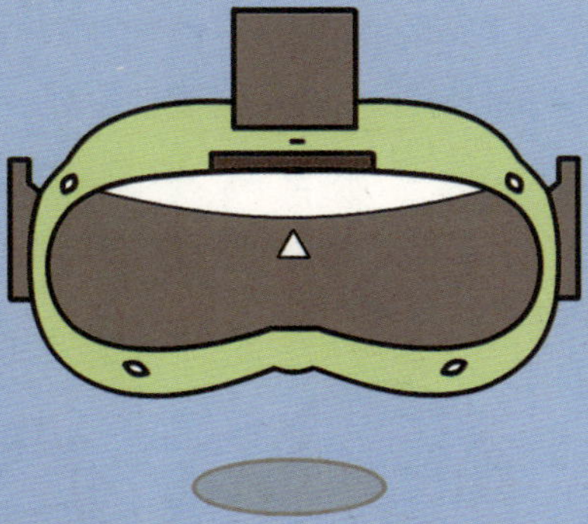

控制器（操纵杆）

VR 头显，又叫作 VR 眼镜，是元宇宙中最主要的硬件承载设备之一，也是一种为用户提供全新的、沉浸式的视觉体验的技术，可以让用户产生身临其境的“真实”感觉。

在日常生活中，人们接触最多的是二维屏幕，如手机、电脑、平板、电视等。这种屏幕既不能给用户提供立体真实的空间体验，也不能隔离真实世界。为了获得更好的沉浸感，VR 头显将人们对外界的视觉、听觉封闭，引导用户产生一种身在虚拟环境中的感觉。它的工作原理是：左右眼屏幕分别显示左右眼的图像，人眼获取这种带有差异的信息后会在脑海中产生立体感。

同时，VR 头显还配备有耳机，可以让用户听到来自虚拟世界的声音，以便让用户在虚拟环境中更加自然地交流和互动。

当前主流 VR 装备在很大程度上满足了人们对视听体验的需求。但元宇宙的沉浸式体验并不仅仅局限于视觉和听觉，用户还需要更多感官的同步体验。

输入设备为用户提供了更为真实自然的交互方式，常见的输入设备有操纵杆、跟踪仪。另外，还有“其他感官 VR”设备、运动平台等最新的输入设备。

一是气味（嗅觉）装置。VR 设备中配备有气味装置，使用户可以在虚拟世界中获得嗅觉体验。气味装置既能做到精准的气味释放，还能在极短时间内进行气味切换。

二是味觉装置。味觉的虚拟体验难度相对较大，因为仿真食物不仅要直接与用户的舌头接触，还要放入口腔内进行咀嚼。

三是触觉装置。VR 面罩不仅可以提供脸部的触觉体验，还可以感受雨水的滑落、山风的凉爽、沙漠的炙热、树枝的拍打，甚至拳击手套的撞击……另外，还有 VR 手套、VR 紧身衣以及 VR 皮肤，都能为用户提供越来越逼真的“触感”体验。

四是运动平台。使用 VR 模拟飞行器、VR 跑步机以及 VR 鞋等设备，用户可以在虚拟世界里完成飞翔、跑步、行走等各种动作体验。

AR 即增强现实，是一种将虚拟信息与现实世界叠加融合的技术。比如，通过显示设备将虚拟的恐龙形象，叠加到博物馆的骨架图像上，达到“增强”现实世界的目的。

AR 眼镜

AR 眼镜是当前非常受人们欢迎的智能穿戴设备之一，分三个步骤实现增强现实功能：首先，在眼镜中生成现实世界环境的图像；其次，将 3D 图像覆盖在现实世界对象的图像上，形成模拟环境；最后，用户可以与模拟环境进行交互。

MR 即混合现实，是 VR 与 AR 融合产生的新的可视化虚拟环境，是现实世界与虚拟世界的相互叠加，即虚中有实，实中有虚。

混合现实（MR）

另外，还有全息投影技术，就是裸眼可见的虚拟现实。该技术让人们无须佩戴眼镜设备就可以更加自然和直观地体验虚拟现实。

全息投影

体感技术，是指用设备对人的动作进行识别的技术，即人们可以直接使用肢体动作与设备及其中的虚拟内容交互。

脑机接口技术，这将是人们在元宇宙中进行感知交互的终极形式，所有虚拟的感知信息可以直接与大脑交互。

未来元宇宙是可以与现实世界相互连通和交互的，各类接入设备和技术将起到十分重要的作用，它们将不断优化和提升人们对虚拟世界的感知体验，使得虚拟世界与真实世界的体验没有区别。

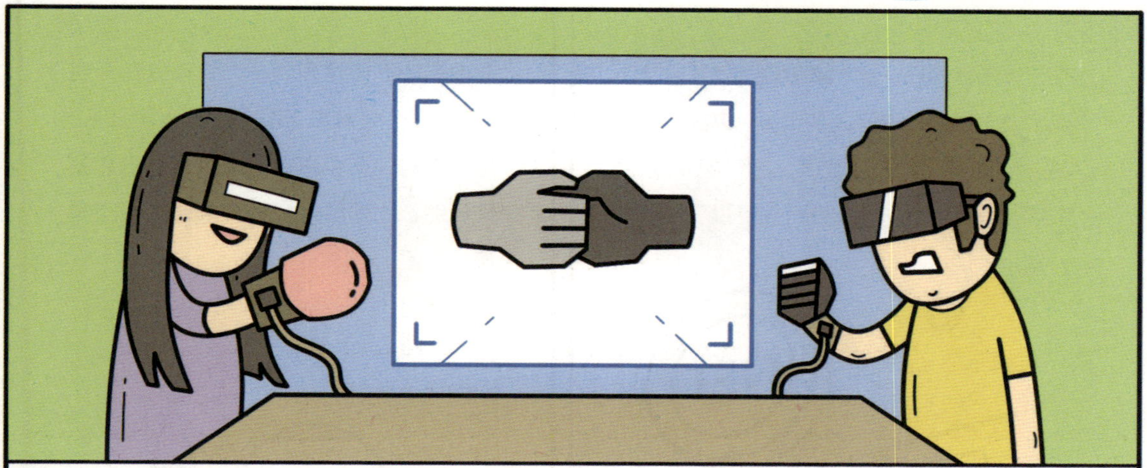

元宇宙因为实现了虚拟世界和现实世界的融合，从而成为一个充满潜力和迅速发展的高科技领域。

目前，元宇宙已经应用于许多领域，而未来可能应用于更多领域。

游戏行业一直是元宇宙的重要先行者。元宇宙可以提供沉浸式的虚拟现实环境，用于创建更加身临其境的游戏体验。

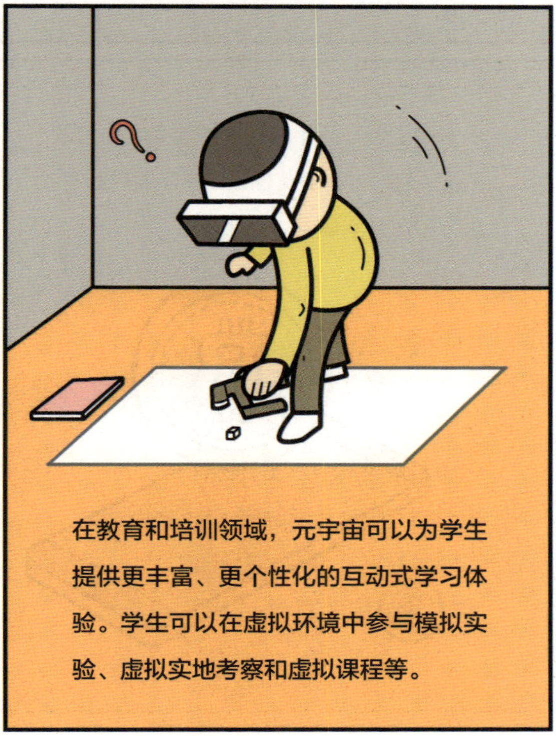

在艺术创作领域，艺术家和创作者可以在元宇宙中展示和销售数字作品，包括艺术品、音乐、视频、游戏等。NFT 已经为数字艺术品的唯一性和所有权提供了解决方案。

在虚拟地产市场领域，人们可以在元宇宙里购买、销售和开发虚拟土地。另外，元宇宙对现实世界中的建筑领域也会有所帮助，比如虚拟房地产展示、模拟建筑设计等。

在金融领域，元宇宙可以扩展金融服务的范围，包括去中心化借贷、数字资产管理、虚拟货币交易等。

在社交领域，人们可以在元宇宙中建立联系、进行社交互动、参加各种虚拟活动等。

在医疗领域，元宇宙技术可以用于医学培训、虚拟手术模拟、远程医疗咨询和心理治疗等。

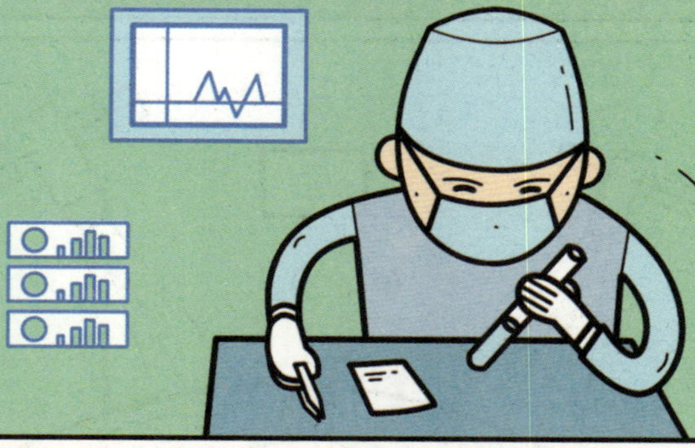

在旅游领域，人们足不出户，便可以在元宇宙中游览世界各地的虚拟景点和景观。

另外，元宇宙还可以用于数字身份验证、模拟城市规划、虚拟办公和远程工作等。

可见，元宇宙的应用已经非常广泛，但如果数据传输出现卡顿或延迟，就会导致用户体验不佳。因此，无缝、高速和海量连接是元宇宙的必备要素。这需要前沿的信息基础设施提供保障，包括5G/6G、物联网、云计算、边缘计算、人工智能等。

5G是指第五代移动通信技术，具有高速率、低延时和大连接等特点。简单来说，就是速度更快、不怕人多拥挤。

6G是指第六代移动通信技术，是一个将地面无线与卫星通信集成的全连接世界，非常有利于物联网的发展。

6G专利申请

小朋友，你知道在5G和6G领域，我们国家目前都处于全球领先地位吗？特别在6G专利的申请数量方面，中国的占比更是超过了40%。

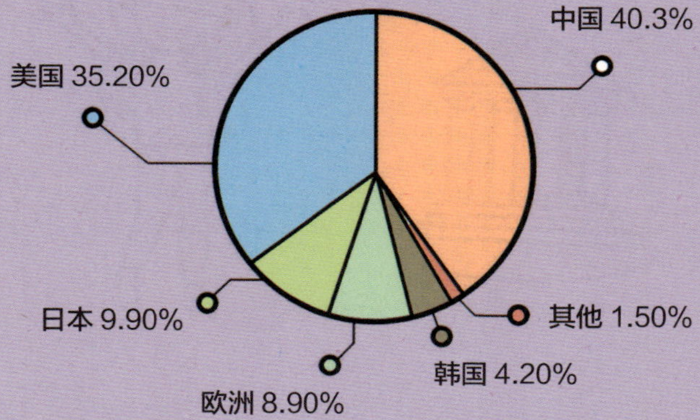

用于进入元宇宙的各类设备，不仅需要无线连接到同一个元宇宙场景中，还需要紧密地配合和流畅地交互。这项技术就是物联网（IOT）技术。它能将各种器件、设备连入网络，实现万物互联。

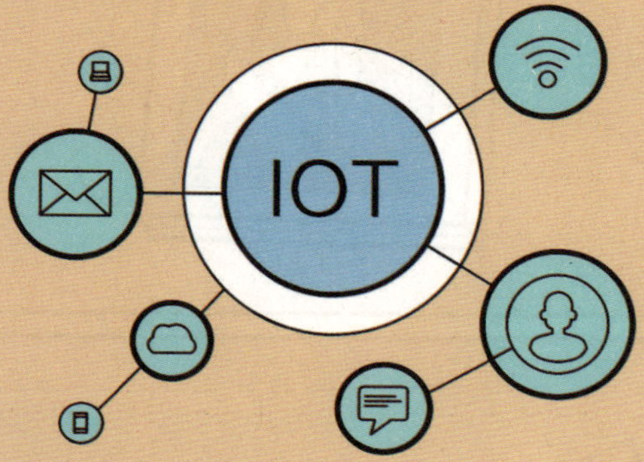

互联网就像一朵巨大的“云”，利用互联网资源进行计算的技术通常被称为“云计算”。虽然云计算具有强大的计算能力，但是计算数据要经历上传和下载的往返过程，可能会降低计算速度，从而影响用户体验。

元宇宙的应用需要高效的计算以给用户提供流畅的体验。科学家想到，如果把大部分简单的计算任务放到就近的设备上去计算，就会省去上传和下载的时间，从而提高计算速度！就近的设备相对于整个网络来说，属于网络边缘，这样的计算技术被称为“边缘计算”。由于边缘计算技术能够实现快速响应，因此这项技术得到了广泛应用。

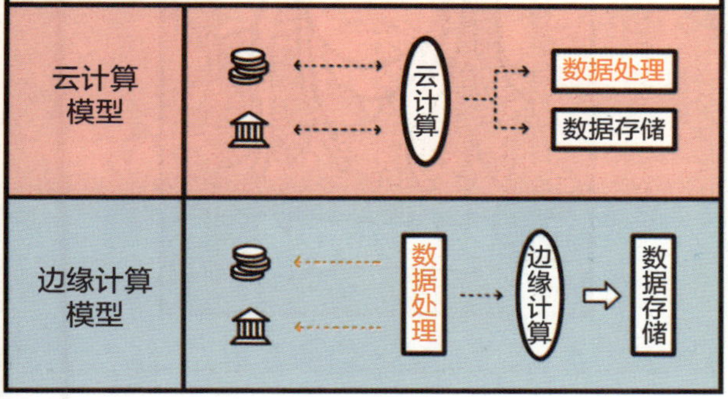

不过，边缘计算不能代替云计算，因为云计算是将所有网络数据集中在一起协调处理的技术，人们可以从云计算服务中获取无限的数据，从而弥补本地数据容量不足的问题。

人工智能也是元宇宙离不开的关键技术。元宇宙有着极其庞大的虚拟空间，其中的天地万物，都需要依赖人工智能按照设定的要求自动生成。另外，元宇宙中用到的语言识别、图像识别等技术，也都离不开人工智能。

在5G/6G、物联网、边缘计算、人工智能等信息基础设施快速发展的推动下，元宇宙的应用领域会越来越广泛。小朋友，你们做好登陆元宇宙的准备了吗？

在现实世界中，我们可能无法在物质上得到所有的满足，但是可以在精神上找到替代的办法。比如，人物传记、历史、小说等作品，为我们提供了体验不同的生活和人生的可能性。

作品还可以通过舞台剧、电影、电视剧等不同的载体展现和传播，使观众可以获得更加丰富的、立体的视听感受。

作家、导演、演员等从业者通过创作或扮演不同的角色来“深度体验”不同的人生。可是，我们只能通过自己的经历和感知来理解和感受不同的人生。

在现实世界中，我们会面临许多无法实现或难以达到的目标，但是在虚拟世界中这些目标似乎变得触手可及。

比如，在网络游戏中，人们可以操控游戏中的角色进行社交、完成任务。人们还可以以全新的身份扮演不同的角色，在虚拟世界里赢得荣誉，获得尊重，甚至还能成就伟业！

人们在元宇宙游戏中创建虚拟“化身”，可以自定义角色，变成自己想成为的样子。

网络世界是丰富多彩的，元宇宙平台也不止一个，多个平台既相互独立，又能彼此进入交互的元宇宙平台，也叫作多重元宇宙。为了避免多次创建虚拟角色，多重元宇宙允许保持统一的“数字身份”。

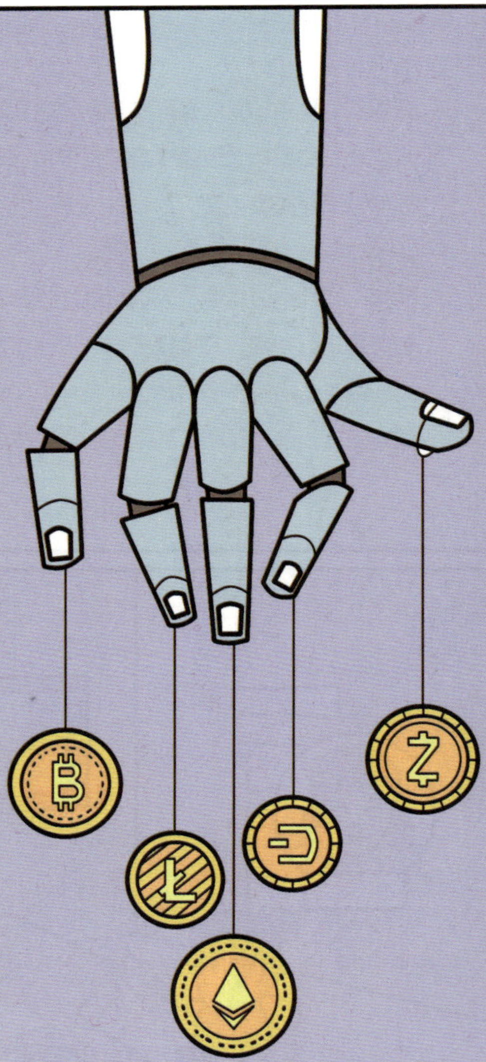

数字身份是用户独一无二的数字化身，是虚拟世界中理想的自己。这一身份可以使用相同的用户名、虚拟资产和社交关系。

人们可以使用自己的数字化身（或虚拟角色），成为元宇宙中数字人的一员，行走在虚拟空间，还会碰到其他形形色色的数字人。然而，这些数字人的背后，并不都是真实人类的化身，“他们”很有可能是智能化的虚拟助手、计算机生成的专业角色、人工智能的形象代表，或者是刻意塑造的虚拟网红等。

比如，你在元宇宙舞会上刚刚结识的新舞伴，或者非常投缘的玩伴，也许只是计算机生成的专业角色！

虚拟网红是一种特殊类型的数字人，通常是虚构的音乐家、艺术家、演员或才艺明星等。如今，“他们”不仅活跃在虚拟世界里，还大受公众欢迎呢！

2016 年，一位虚拟的模特和音乐家——米克拉，诞生在美国，在社交媒体上迅速走红后，成为网红巨星。她所穿的衣服、佩戴的首饰、经常去的地方都受到“追星族”（喜爱该明星的人们）的追捧。

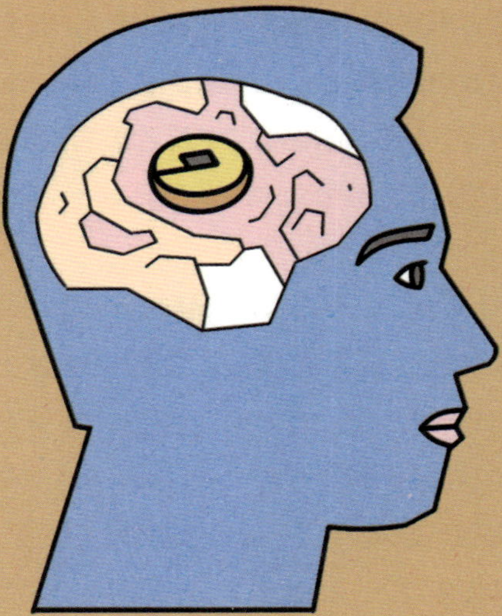

神经链接

脑机接口技术又为数字人类提供了新的可能。

脑机接口将人的大脑与外部设备之间建立连接，达到大脑控制外部设备或外部设备向大脑传输信息的目的。因此，未来的元宇宙，我们或许无须 VR 设备，便可通过脑机接口获得所有虚拟的感知。

电影《流浪地球 2》中，丫丫成功地实现了数字化的人生。将来，我们也许可以将自己的意识上传到数字空间中，从而获得更长久的数字生命！

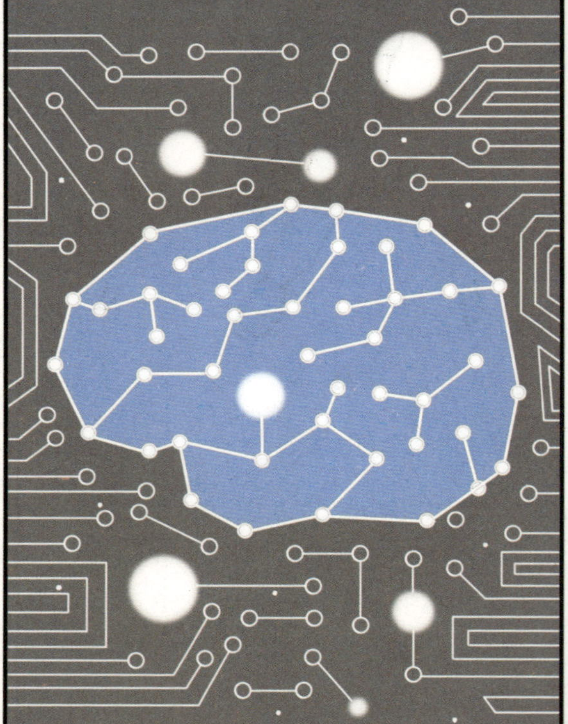

小朋友，元宇宙的未来到底会是怎样的呢？

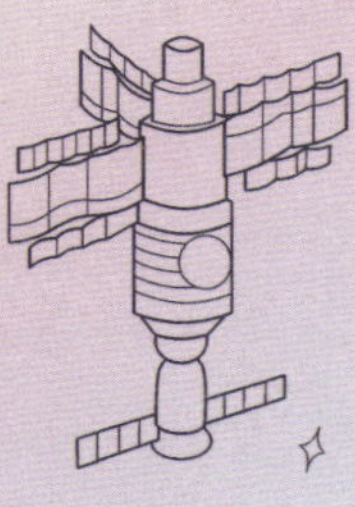

秒懂

未来科技

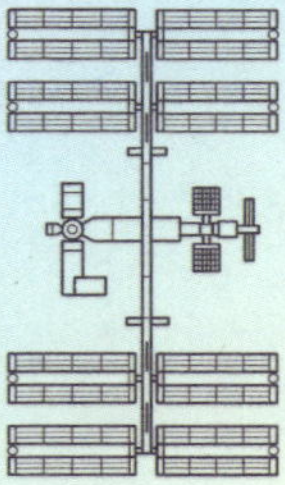

奇妙的星际旅行

图蓝 赛启团队◎编著

航空工业出版社

北京

内容提要

《秒懂未来科技》是一套专为孩子们设计的科普读物，它用漫画的形式，将复杂的前沿科技知识生动地呈现出来。这套书致力于向孩子们展示前沿科技的无穷魅力，激发他们对科技的好奇心。通过深入浅出的讲解，让孩子们了解每个科技领域的独特之处，从而点燃他们对科技的热情，启迪他们的梦想。

图书在版编目（CIP）数据

奇妙的星际旅行 / 图蓝，赛启团队编著. -- 北京 : 航空工业出版社，2024.4（2024.7 重印）
（秒懂未来科技）
ISBN 978-7-5165-3710-7

Ⅰ. ①奇… Ⅱ. ①图… ②赛… Ⅲ. ①空间探索－青少年读物 Ⅳ. ① V11-49

中国国家版本馆 CIP 数据核字（2024）第 060215 号

秒懂未来科技 • 奇妙的星际旅行
Miaodong Weilaikeji. Qimiaode Xingjilüxing

航空工业出版社出版发行
（北京市朝阳区京顺路 5 号曙光大厦 C 座四层　100028）
发行部电话：010-85672688　010-85672689

艺堂印刷（天津）有限公司印刷　　全国各地新华书店经售
2024 年 4 月第 1 版　　2024 年 7 月第 3 次印刷
开本：787×1092　1/16　　字数：25 千字
印张：3　　定价：168.00 元（全 6 册）

前言

亲爱的小读者：

欢迎来到星际旅行的奇妙世界！

洞穴中和石崖上的壁画，都在无声地诉说着远古人们对星空的好奇，以及探索宇宙的欲望。直到上世纪中叶，勇敢的宇航员们才开始踏上太空之旅。首次登月成功是人类迈向其他星球的重要一步，而人造卫星、宇宙飞船、太空站、探测器等航天器的不断升空，陆续揭开了太阳系的神秘面纱。现在，人类正在筹备更大更远的太空探险，尝试着移居火星，甚至设想着登陆更加遥远的未知世界。你准备好踏上这趟星际之旅了吗？

除了“奇妙的星际旅行”外，《秒懂未来科技》丛书还介绍了其他五个有趣的前沿科技领域。通过生动形象的插图和富有启发性的文字，这套丛书将继续带你揭示神秘的量子世界，展望机器人的未来发展，体验元宇宙的神奇魅力，深入了解智慧过人的人工智能，以及揭秘生命科学的无限可能。

亲爱的小读者，《秒懂未来科技》丛书是一套为孩子们精心打造的高品质科普读物，由多位科学家及学者组成的“赛启团队”共同创作。我们希望这套科普读物不仅能够解答你对未来科技的好奇和疑惑，还能激发你的探索欲望，让你在轻松愉快的阅读中，体验秒懂未来科技的乐趣。

愿你在书香中感受科技的魅力，点燃学习的激情，探寻无尽的奇迹！

祝阅读愉快！

赛启团队

2023 年 12 月

目录

仰望天空，日落月升，繁星闪耀，北斗七星高悬天际，银河蜿蜒划过苍穹。天空如此浩瀚神奇，引发了古人无穷的想象：女娲补天、夸父追日、嫦娥奔月、牛郎织女鹊桥相会……

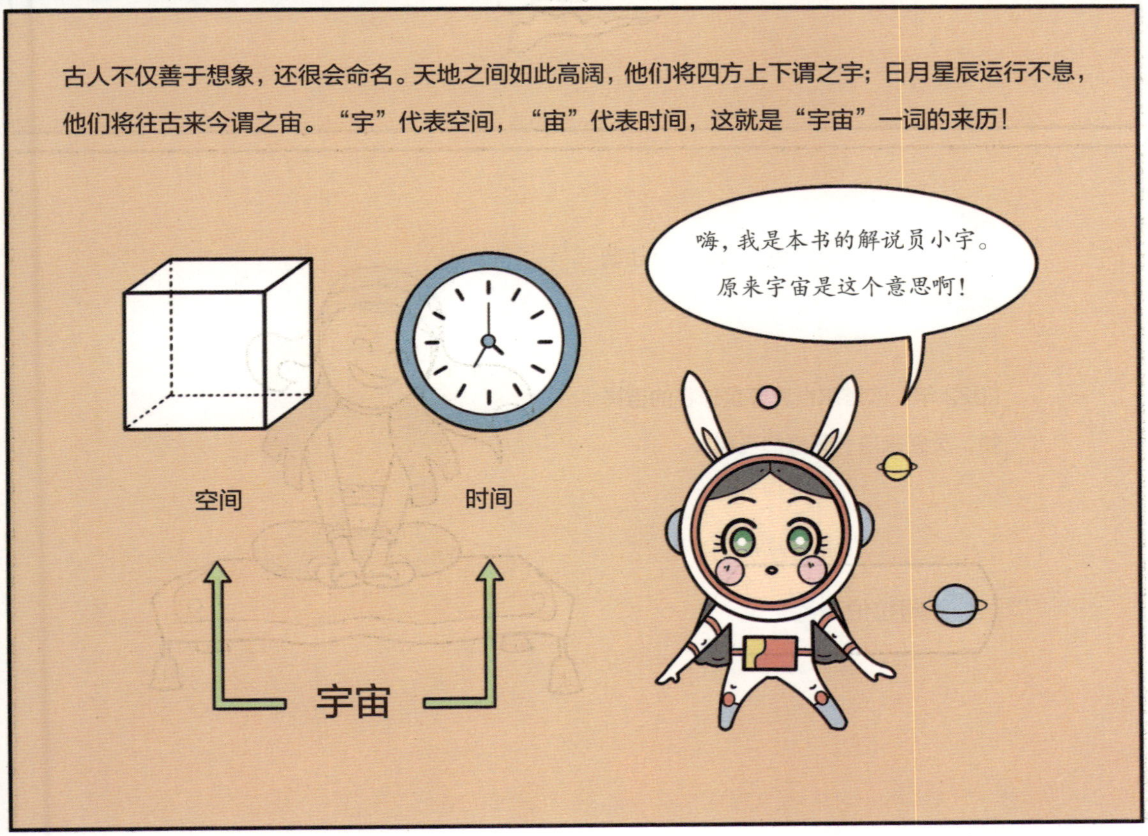
古人不仅善于想象，还很会命名。天地之间如此高阔，他们将四方上下谓之宇；日月星辰运行不息，他们将往古来今谓之宙。“宇”代表空间，“宙”代表时间，这就是“宇宙”一词的来历！
嗨，我是本书的解说员小宇。原来宇宙是这个意思啊！
空间
时间
宇宙

世界各地的古人，在面对未知的天空时，都会自发地产生自由飞翔的渴望。在古代神话故事中，我们常常可以看到神仙们穿梭于云雾之间的描述。

“飞天”就是敦煌壁画的标志和象征，描绘了中国古人的飞天梦想。

在希腊神话中，小爱神丘比特挥动着可爱的翅膀。

2022 年，卡塔尔世界杯足球赛的吉祥物，灵感来自“阿拉伯飞毯”。

阿拉伯飞毯

春秋战国时期，中国人发明了风筝，并在炼丹术的基础上发明了火药的原材料。1 000 多年后，明朝的万户将二者巧妙地结合起来。他用 47 支烟花绑在自己坐的椅子上，两只手各举一个大风筝作为翅膀，勇敢地尝试世界上最早的“火箭”发射。

虽然万户的尝试以失败告终，但是他的飞天思路，即利用火药燃烧时向后喷出气体的反作用力作为火箭动力的思路，最终被证明是正确的。

万户所用的烟花，与小朋友们过年时玩的“窜天猴”类似，都能“一飞冲天”呢！其实，这也是火箭的基本原理。火箭是现代航天最重要、也是唯一的交通工具。

“窜天猴”烟花

1865 年，法国作家凡尔纳的科幻小说《从地球到月球》出版，书中描述了三位冒险家乘坐一颗巨大的炮弹飞向月球的故事。

苏联火箭专家
康斯坦丁·齐奥尔科夫斯基

《从地球到月球》的离奇故事吸引了一位失聪少年的注意，让他对太空旅行充满了向往。这位少年后来成长为一名伟大的科学家，他就是被誉为“航天之父”的康斯坦丁·齐奥尔科夫斯基。1898 年，齐奥尔科夫斯基在论文中首次阐述了他的航天飞行理论，并论证了火箭这种“喷气式推进工具”可以作为宇宙航行的动力来源。

随后，齐奥尔科夫斯基推导出了著名的火箭运动公式：发动机排出的气体速度越快，火箭的飞行速度也就越快；火箭自身的结构质量越小，火箭所获得的速度也会越快。这个公式被后人称作“齐奥尔科夫斯基公式”，也被誉为“宇宙航行第一公式”。

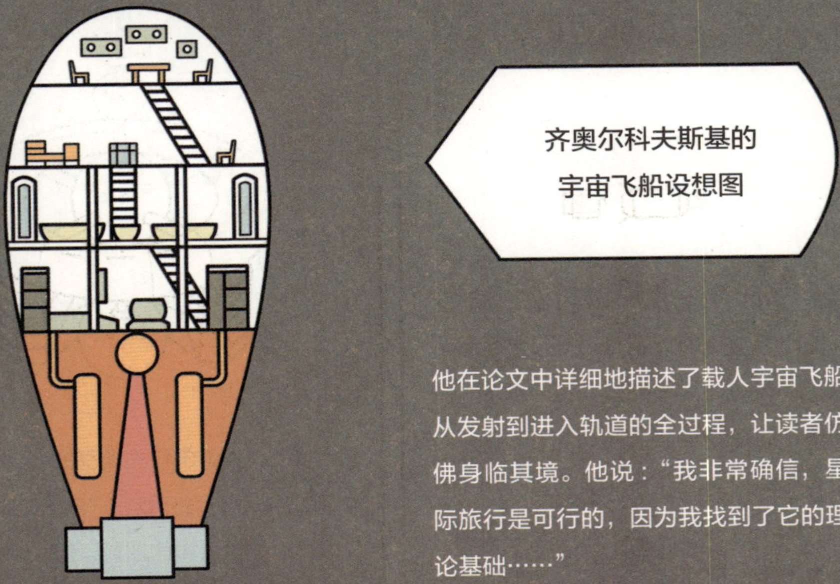

他在论文中详细地描述了载人宇宙飞船从发射到进入轨道的全过程，让读者仿佛身临其境。他说：“我非常确信，星际旅行是可行的，因为我找到了它的理论基础……”

多级火箭

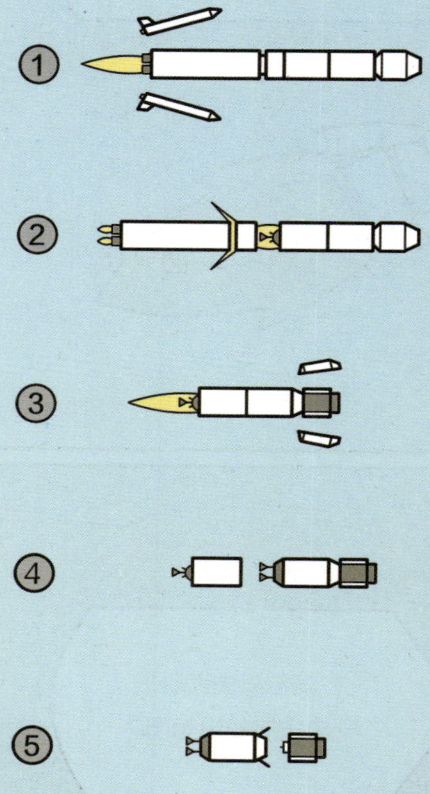

1929 年，齐奥尔科夫斯基提出了多级火箭的伟大设想。他认为火箭可以一节节地连接起来，就像一列火车那样。每一节火箭在完成自己的使命后便会自动脱落，从而减轻整体的负荷。因此，火箭的每一级都会比前一级飞得更快。这种设计有助于减轻火箭的质量，从而节省能源，使得飞行速度越来越快。

接着，齐奥尔科夫斯基还提出了人造卫星的设想，并将其称为“星际航行的驿站，设置在地球外的火箭码头”。他预言，除载人飞船和人造卫星，未来还可能会出现空间站等其他类型的航天器，所有这些都可以通过火箭送上太空。

如今，齐奥尔科夫斯基的飞天设想一一实现，人们记住了这位“航天之父”的名言：“地球是人类的摇篮，但人类不会永远被束缚在摇篮里！”

人类的世界跳高纪录仅有 2.45 米，即使加上撑杆，奥运会上撑杆跳高的纪录也只是勉强超过了 6 米。这样的高度意味着，人们仅能摸到两层小楼的屋顶，更别提触及遥不可及的云彩了。其实，我们的双脚只要一离开地面很快就会被一种神奇的力量拉回地面。

是什么力量把我们拉回到地面上的呢？

这里要提到一个由“苹果”引发的故事。牛顿年轻的时候，有一次在乡下老家的苹果树下休息。据说，一颗苹果砸到了他的脑袋上，这激发他想出了“万有引力定律”。

$$F_1 = F_2 = G\frac{m_1 \times m_2}{r^2}$$

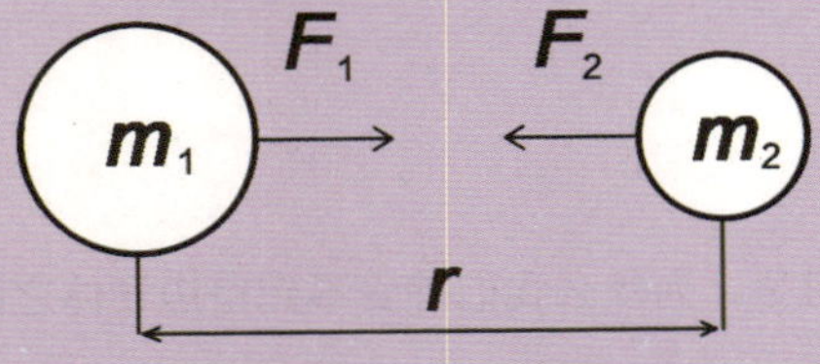

这个定律说的是：自然界的所有物体之间都存在相互吸引的引力。引力方向在它们的连线上。引力（F）的大小，与两个物体的质量（m_1 和 m_2）及距离的平方（r^2）有关：质量越大，距离越近，引力就会越大。

可是，为什么我们感受不到身边物体之间的引力呢？那是因为地面上任何两个物体的质量都太小了，彼此之间的引力微不足道。而整个地球的质量又实在太大了，物体与地球之间的引力就以重量的形式表现出来，这就是所有物体都有重量的原因了。

实际上，地面上的一切物体，与其说是落到了地面上，不如说是被万有引力“拽”到了地面上。

强大的万有引力

那么，地面上的物体有没有可能摆脱地心引力的束缚呢？为了实现这个梦想，人们开始利用空气的浮力。他们发明了氢气球、热气球，以及后来的飞机，使自己像雄鹰一样在天空中自由翱翔。

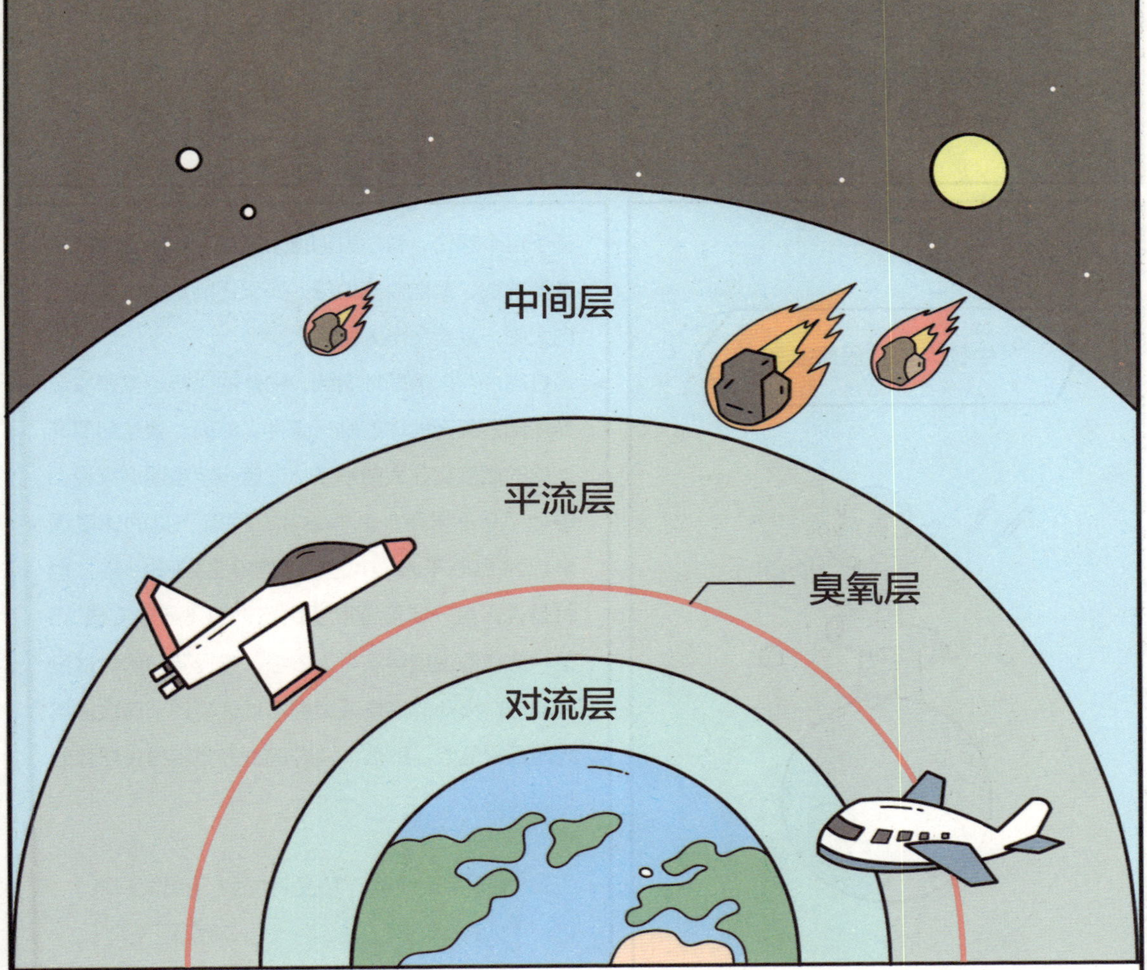

然而，大气层并非无限高，并且随着距离地面越高而变得越稀薄。不论是雄鹰的翅膀，还是先进的战机，仅依靠空气的浮力都无法飞出大气平流层。这意味着，由于地球引力的存在，在自然状态下，任何物体都无法离开地球。

这该如何是好呢？要解决这个问题，还得依靠牛顿。

牛顿发现，掷出去的石头总是在空中划出一道弧线后落回地面。

“牛顿大炮”思想实验

于是，他提出了一个名为“大炮”的设想：在高山上架起一门大炮，射出炮弹。炮弹的速度越快，其落地点离山脚就越远。当炮弹的速度达到一个极高的水平时，炮弹会不会绕地球一圈，然后从后方“飞”回起点呢？

基于这个想法，科学家们得出结论：如果物体的速度足够快，就能脱离地球；如果还能更快，就能飞向太阳，甚至飞出太阳系！

通过图片可以清楚地看到，物体的飞行速度是决定物体能否离开地球的唯一条件。然而，要达到离开地球的速度实在太困难了。以第一宇宙速度来说，每秒 7.9 千米是什么概念呢？民航飞机的速度通常约为 800 千米 / 小时，即约 0.22 千米 / 秒。也就是说，第一宇宙速度要比飞机的飞行速度快 35 倍！这样的速度确实令人震惊，难怪万户的尝试没有成功，火药的燃烧速度根本就达不到，而且使用火药还很危险。那么，只有试试齐奥尔科夫斯基的火箭理论了。

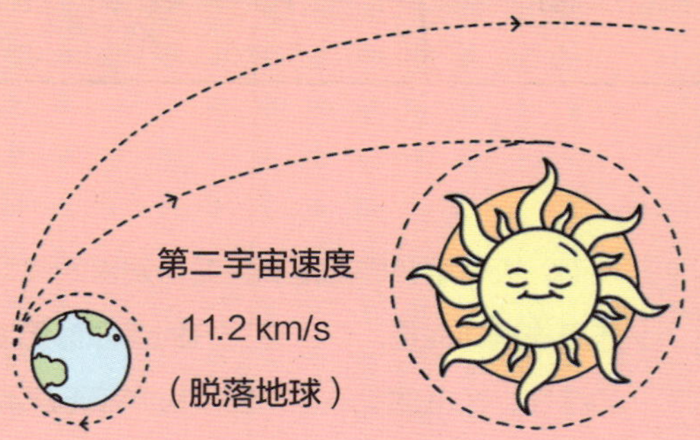

20 世纪初，一位德国天才科学家沃纳 · 冯 · 布劳恩成功研发出了第一枚飞入太空的火箭。他在柏林洪堡大学的博士论文中论述了有关液体推进剂火箭发动机理论，对航天事业产生了深远的影响。

1944 年，正值“二战”时期，沃纳 · 冯 · 布劳恩在德军的支持下设计的 V-2 火箭正式投入使用。在战场上，这款火箭又被称为“V-2 导弹”。

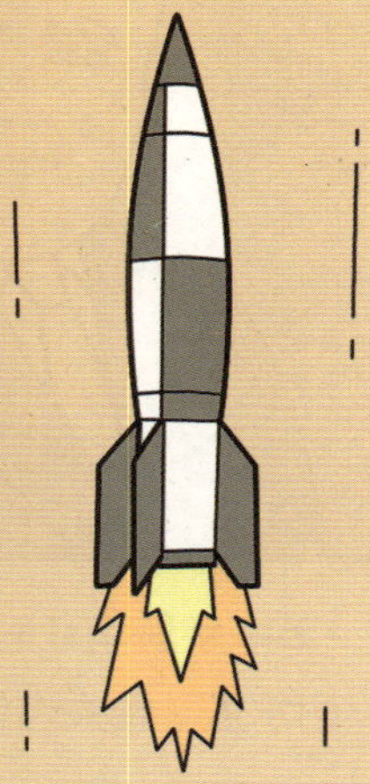

“二战”结束后，沃纳 · 冯 · 布劳恩带着技术来到美国，并参与了举世瞩目的“阿波罗”登月计划。他领导研发了当时世界上运载能力最强的火箭——“土星 5 号”。1967—1973 年，该型号的火箭共发射了 13 枚，最终成功将阿姆斯特朗送上了月球。

其实在设计“土星 5 号”的布劳恩取得巨大成功之前，另一位火箭牛人的表现更加耀眼，他就是苏联的火箭专家科罗廖夫。

苏联宇航事业的总设计师——
谢尔盖·帕夫洛维奇·科罗廖夫

科罗廖夫在人类航天史上创造了多项第一：他是第一枚射程超过 8 000 千米的洲际弹道导弹（P−7）的设计者，也是第一颗人造地球卫星运载火箭的设计者，还是人类第一艘载人航天飞船的总设计师。

1957 年 10 月，用 P−7 改装的卫星号运载火箭将世界上第一颗人造地球卫星送入太空，这成为航天时代的重要里程碑。1961 年 4 月 12 日，苏联宇航员尤里·加加林乘坐“东方 1 号”飞船进入太空，成为第一个进入太空的地球人。

P−7 改装运载火箭

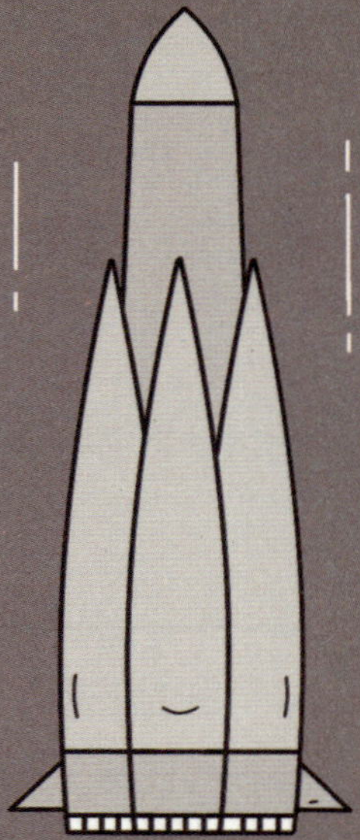

我国的“长征”系列运载火箭虽然起步较晚，但是性能可靠，家族成员也在不断壮大。其中，长征二号 F 用于载人飞行，于 2003 年 10 月，成功地将杨利伟送入太空；而长征五号又被称为“胖五”，自 2021 年开始，它被用于建设中国空间站。

长征二号 F 运载火箭

人造地球卫星是指环绕地球，并在空间轨道上运行的无人航天器。世界上第一颗人造地球卫星是苏联的“卫星 1 号”，于 1957 年 10 月被成功送到外层空间。
苏联“卫星 1 号”

收音机接收到了卫星播送的音乐！
1970 年 4 月，我国的第一颗人造卫星“东方红一号”发射成功。

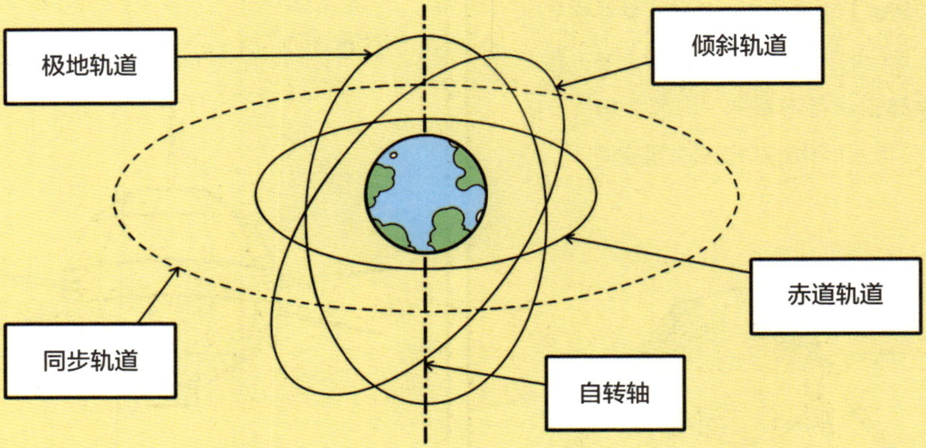

人造地球卫星按照特定的轨道绕地球运行，这些轨道通常呈圆形或椭圆形。不同用途的卫星，其轨道往往也有所不同，包括近地轨道、高轨道、赤道轨道、极地轨道、地球静止轨道以及太阳同步轨道等。

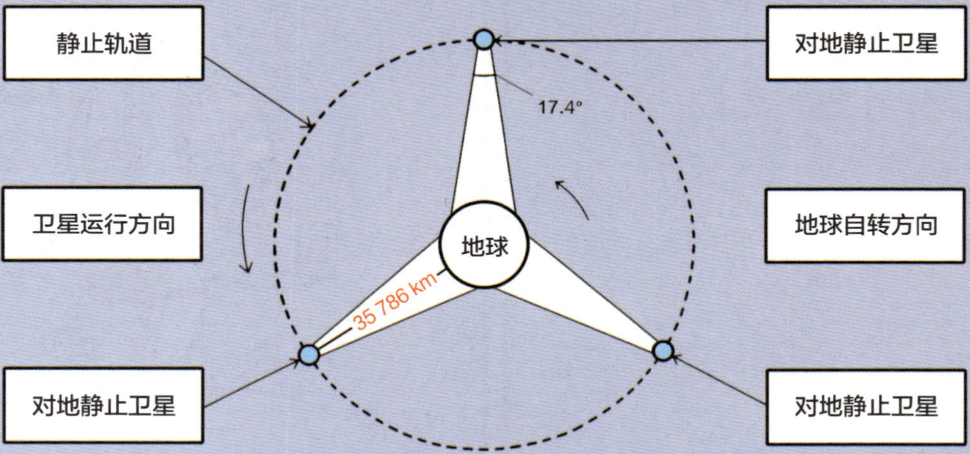

其中，地球静止轨道是我们经常听到的。由于地球是自转的，如果卫星在相等的时间内扫过的角度与地球自转扫过的角度相同，那么从地面上看，卫星就好像静止不动。这种轨道被称为地球静止卫星轨道。它位于地球赤道上空 35 786 千米处。通信卫星通常使用这种轨道，因为它们的位置是固定的，只需要三颗卫星就可以覆盖全球的通信信号。

经过几十年的发展，如今的人造地球卫星种类繁多。一般来说，按照用途可以分为三类：应用卫星、技术试验卫星和科学卫星。应用卫星直接服务于人们的社会活动，技术试验卫星用于研究卫星本身的某种新技术，科学卫星则用于发现和研究宇宙或其他领域的科学现象。

其中，应用卫星的数量最多。它还可以进一步细分为通信卫星、遥感卫星和导航卫星三类。

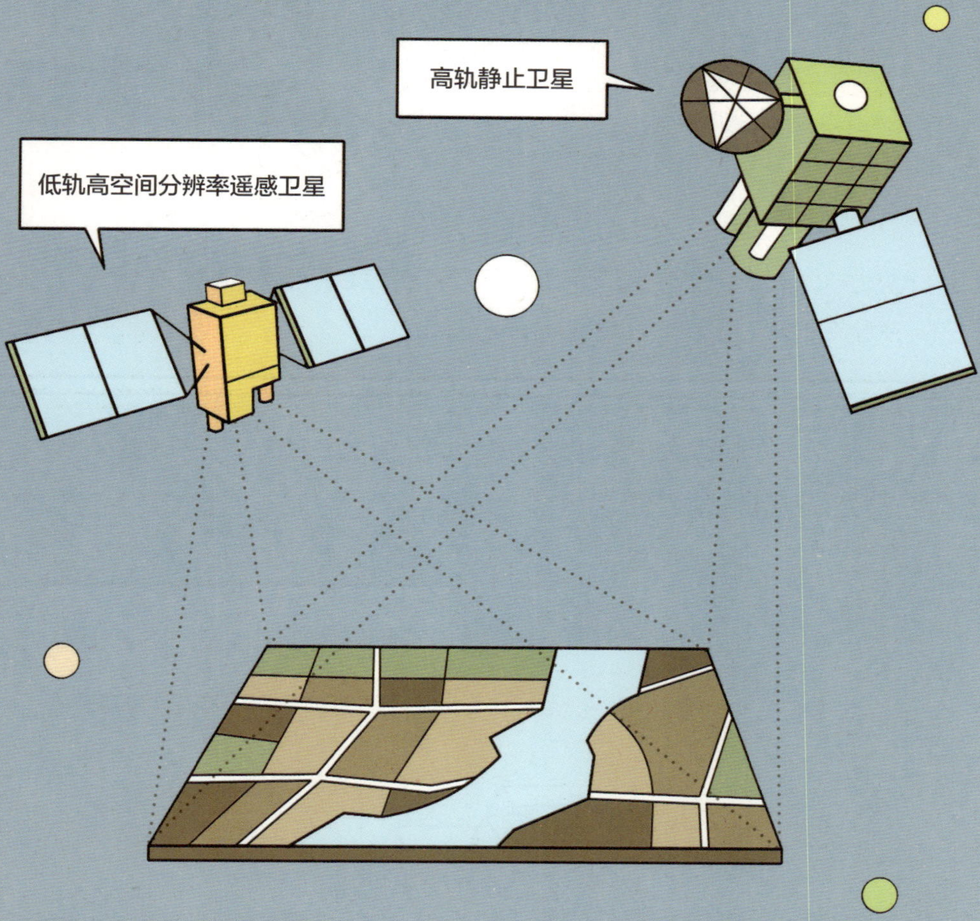

通信卫星为我们提供广播电视节目和大量的网络信息。

遥感卫星能够连续观测地球表面的指定地域，从而收集到农业、林业、国土、气象等各方面的监测数据。

气象卫星作为遥感卫星的一种，每天为我们提供天气信息和气象预报。

而导航卫星，则为我们的航空、航海、行车和走路指明方向。

复杂的卫星构造

今天，人造地球卫星不仅种类繁多，而且其技术及构造也越来越复杂。

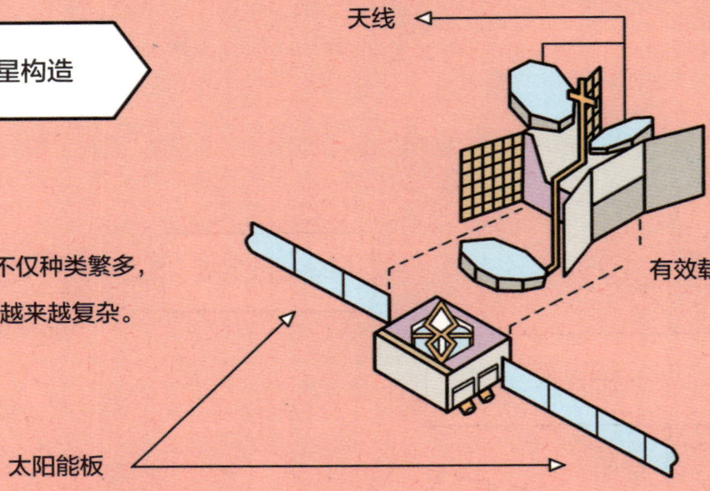

2016 年 8 月 16 日，我国自主研制的国际上首颗量子科学实验卫星“墨子号”成功发射，在世界上首次实现了卫星和地面之间的量子通信。

量子科学实验卫星“墨子号”

卫星导航示意图

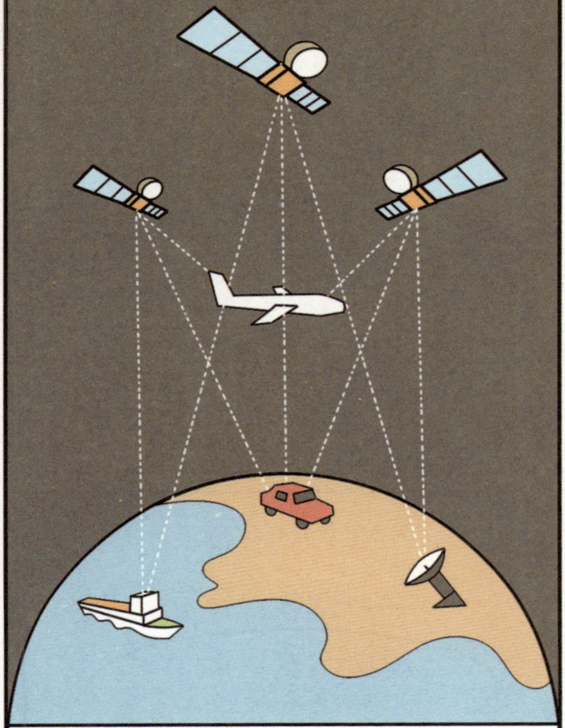

随着移动互联网、物联网及 5G 技术的不断进步，以及以智能手机为代表的智能终端的普及，卫星导航系统的作用越发凸显。

人造地球卫星绕行在远离地面的太空，只需几十颗卫星就能覆盖整个地球。因此，卫星导航技术是最先进的、最方便的导航技术之一。

目前，全球有四大卫星导航系统，分别为美国的全球定位系统（GPS）、俄罗斯的全球导航卫星系统（GLONASS）、欧洲的“伽利略”卫星导航系统（GALILEO）以及中国的“北斗”卫星导航系统（BDS）。

2020 年 6 月 23 日，我国第 55 颗“北斗”导航卫星成功发射，这标志着“北斗三号”全球卫星导航系统的组网已经圆满完成。目前，北斗系统已经为全球 200 多个国家和地区的用户提供服务。

北斗卫星导航系统标识

近年来，一项大规模的近地卫星群部署计划正在积极开展，该计划被称为“星链”（Starlink）计划。

2015 年，SpaceX 首席执行官伊隆 – 马斯克宣布了这项太空高速互联网计划，即提供覆盖全球的高速互联网接入服务。“星链”的目标是为世界上任何地方的人们提供高质量的互联网服务。

2023 年 2 月，“星链”计划的在轨卫星数量已超过 3 500 颗。SpaceX 计划在 2025 年前部署了惊人的 12 000 颗卫星！

对所有生命体来说，太空环境是相当恶劣的。除失重这种微重力环境，高真空、强辐射、超低温等环境对生命体来说都是极其致命的。

高真空、强辐射、超低温！

苏联“东方一号”载人飞船

在如此恶劣的环境中，如何确保航天员的生命安全呢？“载人飞船”必不可少！它既是运送航天员前往外层空间执行任务的“专车”，又是为他们提供安全的太空生活和工作环境的“房车”，还是负责接送航天员或货物往返于地面与空间站之间的“摆渡车”。

苏联的“东方一号”宇宙飞船是人类历史上第一艘载人飞船，于 1961 年 4 月 12 日带着航天员尤里 · 加加林飞向了太空。

人类历史上第一位飞上天的航天员——尤里 · 加加林

“联盟号”飞船是苏联的第三代载人飞船，自 1967 年开始投入使用，先后发展出了 6 种型号，并在美国的航天飞机退役后，成为通往国际空间站的主要交通工具。因此，“联盟号”飞船也成为历史上最长寿的飞船之一。

“联盟号”飞船示意图

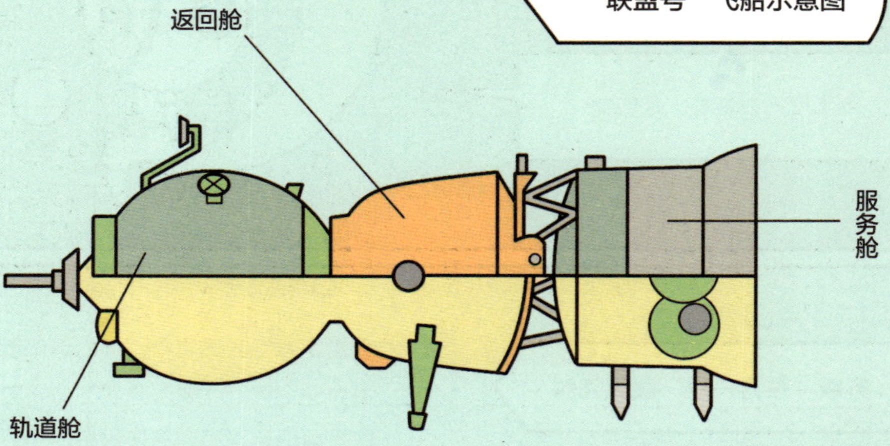

神舟飞船是我国自主研制的载人飞船。1999 年 11 月，“神舟一号”飞船进行首次无人试验。2003 年 10 月，“神舟五号”飞船实现首次载人飞行。

中国航天第一人——杨利伟

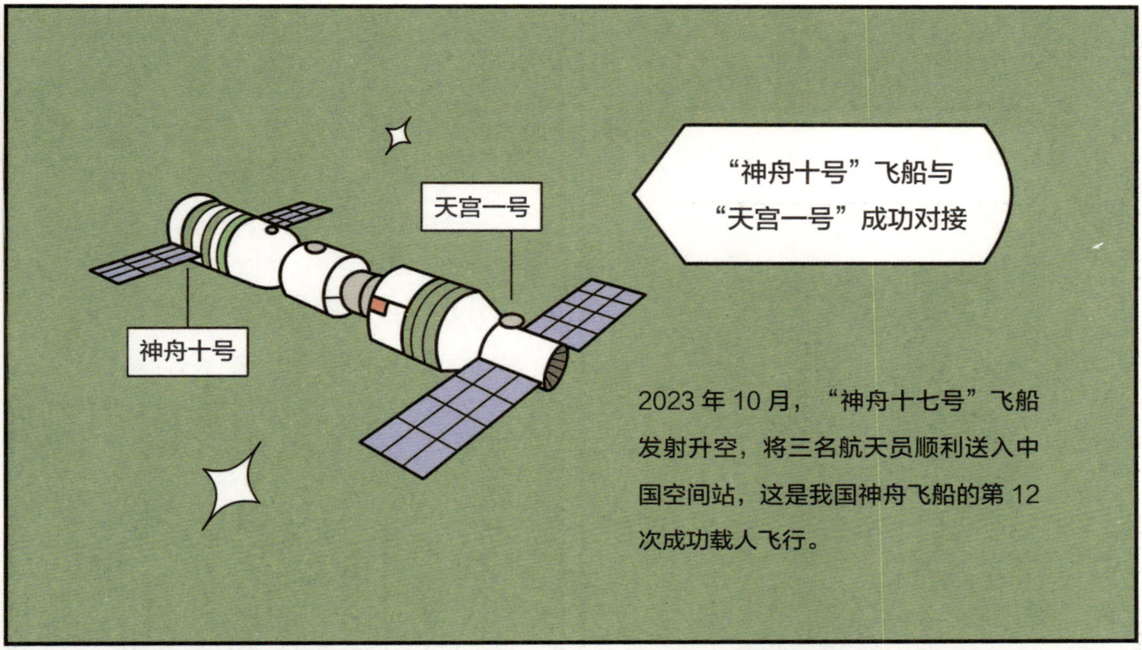
“神舟十号”飞船与
“天宫一号”成功对接
天宫一号
神舟十号
2023 年 10 月，“神舟十七号”飞船发射升空，将三名航天员顺利送入中国空间站，这是我国神舟飞船的第 12 次成功载人飞行。

“猎户座”飞船是美国新一代载人飞船，于 2014 年 12 月完成首次无人飞行试验。这款飞船可搭载 4 ~ 6 名航天员，承担两个阶段的使命。第一阶段是运送航天员前往国际空间站；第二阶段则是负责将航天员送往火星、小行星等天体，完成行星际的飞行任务。
哇，“猎户座”载人飞船！

苏联“礼炮 7 号”空间站

尽管载人飞船可以在太空中运载航天员，但其内部空间相对狭小，无法满足航天员长期居住的需要，也无法开展复杂的科学实验。因此，在太空建造工作站，甚至建立复杂的实验室就成为航天工作者的一项新任务。

可供多名航天员巡访、长期工作和生活的载人航天器，叫作空间站。

1971 年 4 月，苏联成功发射了“礼炮 1 号”，这是世界上第一个空间站。在随后的几年中，共有 7 座“礼炮号”空间站被陆续发射升空。然而，由于当时技术的限制，这些空间站都只有一个舱体。

1986 年，苏联开始建设“和平号”空间站，首先发射了核心舱，随后，五个实验舱陆续升空，像搭积木一样与核心舱对接，完成空间站的搭建。在苏联解体后，俄罗斯继续建设和维护“和平号”空间站，使其成为人类首个可长期居住的空间研究中心。先后有来自 12 个国家的航天员在“和平号”上工作和生活。

“和平号”空间站

1998 年 11 月，国际空间站开始建造。这是第一个通过国际合作建造的载人空间站，汇聚美国、俄罗斯、加拿大、日本等 16 个国家的智慧和力量。它不仅是世界上最大的载人空间站，其规模比“和平号”空间站大 4 倍，而且也是迄今为止寿命最长的空间站。

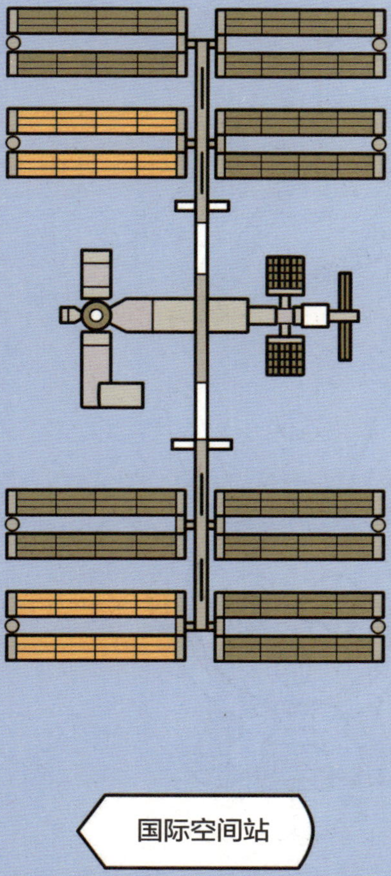

中国空间站，又称为“天宫”空间站，是我国自主研发的大型空间站，也是国家级的太空实验室。2021 年 4 月，中国空间站开始建设，计划建成后的空间站包括“天和”核心舱、“梦天”实验舱、“问天”实验舱、“神舟”飞船（载人飞船）和“天舟”飞船（货运飞船）五个模块。

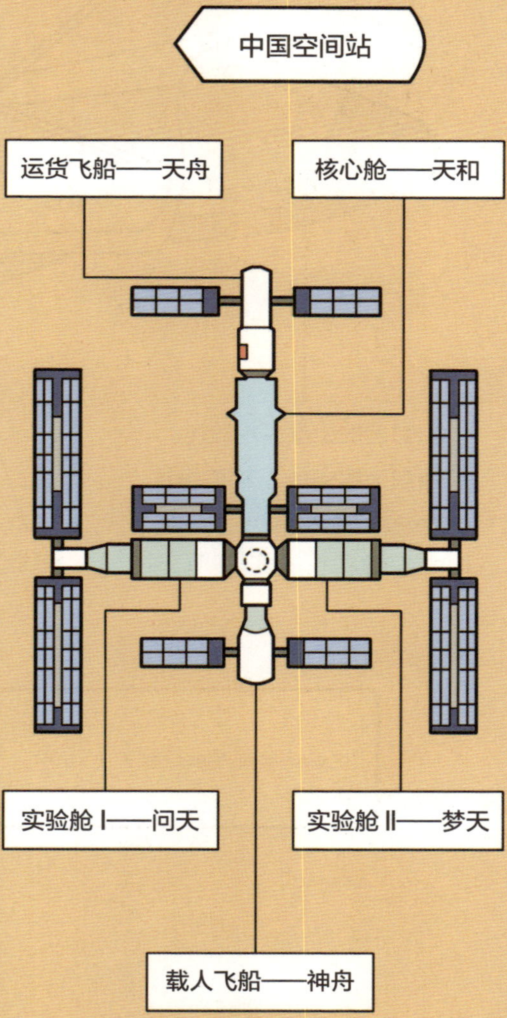

20 世纪 70 年代，为了降低经济成本，美国开始研发一种可以部分重复使用的空间运输系统，即航天飞机。它兼具载人和载物的功能。1981 年，世界上第一架航天飞机试飞成功。然而，在其后的 30 年使用过程中，发生了两次震惊世界的严重事故。一次是在起飞时爆炸，另一次是在返回时解体。这两次事故各导致 7 名航天员遇难。由于潜在的安全隐患和高昂的经济成本，航天飞机于 2011 年全部退役，宣告了航天飞机时代的结束。

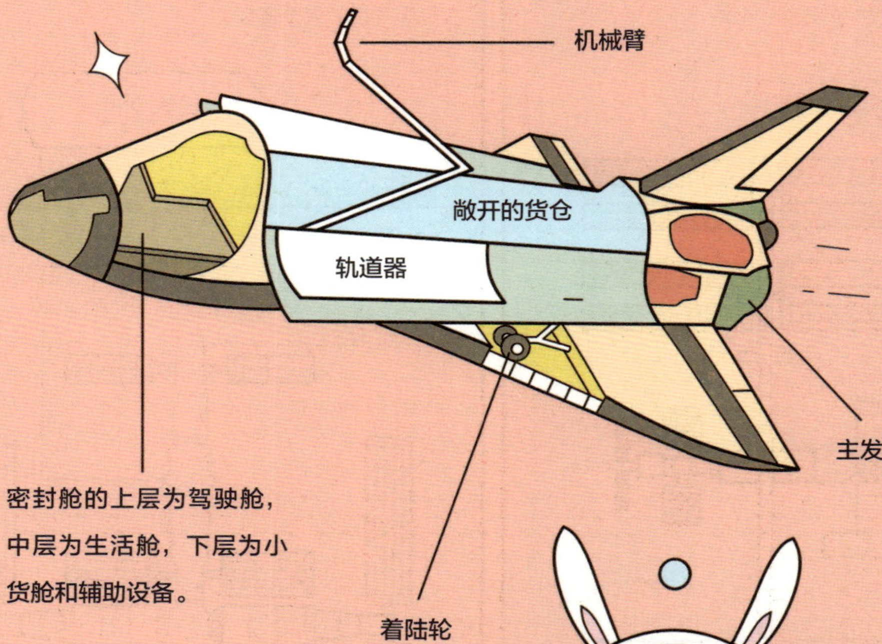

第一颗人造地球卫星的成功发射，宣告人类已经具备了探索太空的能力。在美苏争霸的背景下，两国展开了一场激烈的航天竞赛，接连不断地探测太空，并发生了许多的重要事件。

然而，宇宙是浩瀚无垠的，即使在太阳系中，行星之间的距离也令人感到遥不可及。

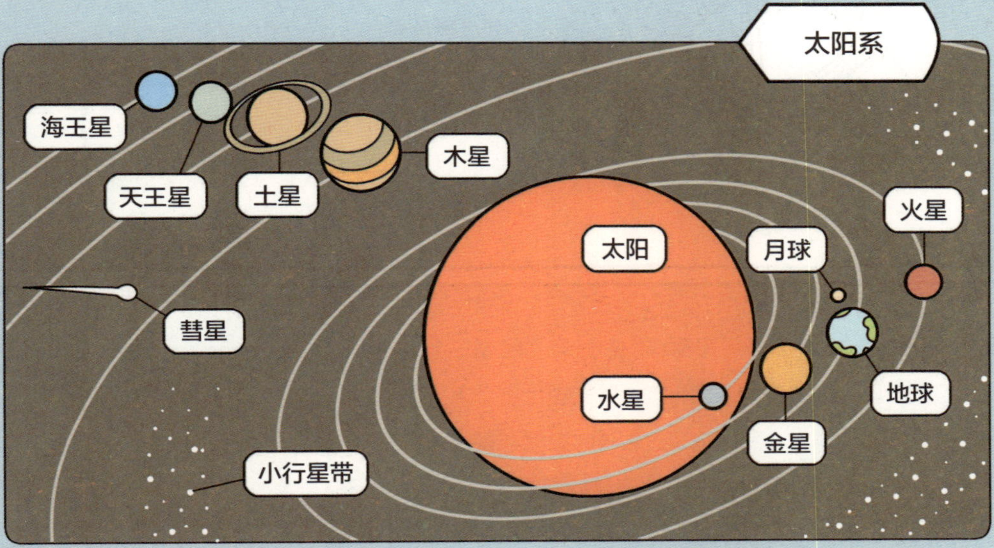

在太阳系的八大行星中，金星和火星与地球相邻，但它们距离地球并不近，最近距离大约分别为 4 000 万千米和 5 500 万千米。即使是地球的卫星——月球，距离地球也有 38 万多千米。尽管相距甚远，探测地球之外天体的行动还是开始了。

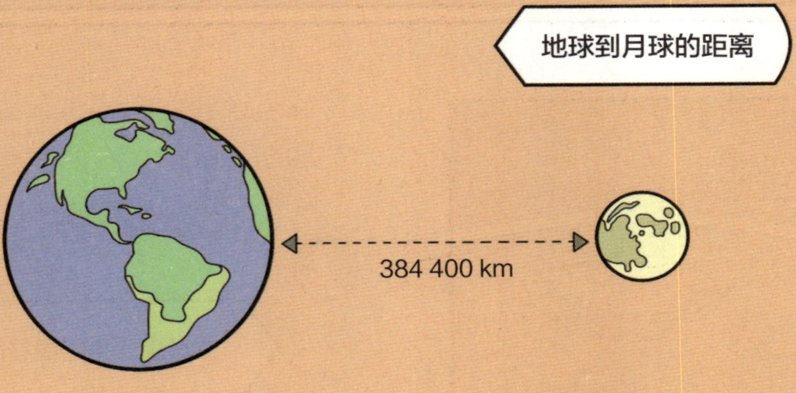

1959年1月，苏联“月球1号”探测器飞向月球，成为人类历史上第一个飞向月球的航天器。同年10月，“月球3号”探测器传回了月球背面的照片。1966年2月，“月球9号”成功在月球表面着陆。

“月球9号”探测器

1962年，美国“水手2号”探测器发射升空，经过三个半月的旅程，成功飞掠金星，成为人类航天史上首个飞掠另一颗行星的探测器。之所以需要这么长的时间，是因为探测器运行的轨道是椭圆形的，因此飞过的距离（约2.8亿千米）远远超过了最近的距离（约4 000万千米）。

处于高温高压下的金星

1965年7月，美国“水手4号”探测器在历时七个半月的航行后飞掠火星，首次向地球传回近距离拍摄的火星图片。

火星上巨大的奥林匹斯山

1974 年，美国“水手 10 号”探测器以飞掠的方式探测水星与金星。它是第一个获得水星详细数据的探测器。2004 年 8 月，为进一步探索水星，美国再次向水星发射“信使号”水星探测器。

水星上的卡路里盆地

1972 年 3 月，美国“先驱者 10 号”探测器踏上了遥远的征途。它以 5 万千米 / 小时的速度穿越危险的小行星带，用了不到两年的时间就与木星相遇，并向地球发回了第一批木星的珍贵资料。此后，在木星巨大的引力加速作用下，飞越海王星轨道，向着太阳系的边缘飞去。

1977 年 9 月，美国“旅行者 1 号”探测器被发射升空。它巧妙地利用巨行星的引力作用，从而同时探测了多颗行星及其卫星，包括木星及其卫星，土星及其卫星、土星环，天王星，海王星等。目前，“旅行者 1 号”已经飞离地球 200 多亿千米，成为飞行距离最远的航天器。即便如此，“旅行者 1 号”也只飞越了太阳系半径的千分之一！

“旅行者 1 号”
探测器

有趣的是，“旅行者 1 号”为邂逅外星人做好了准备。它携带了一张名为“地球之声”的镀金唱片，这张唱片上记录了来自地球的各种声音，以期通过这种特殊的方式与可能存在的外星生命进行沟通。

在 20 世纪，美苏两国率先对月球行星及其卫星进行了第一轮探测。此后，包括中国在内的许多国家也陆续发射了各自的探测器，使得人类对太阳系内的行星及其卫星已经有了相当程度的认知。

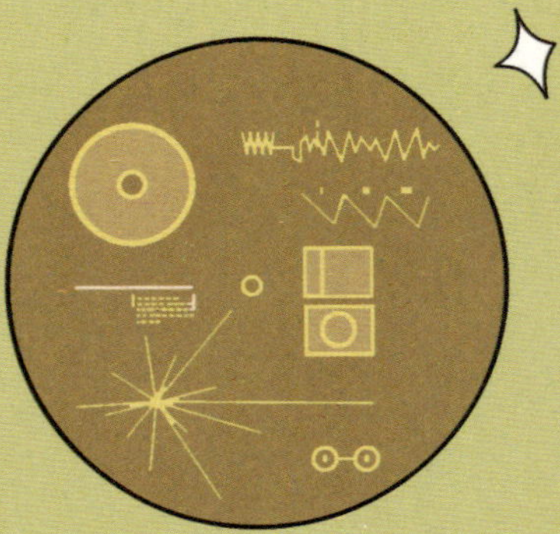

“地球之声”唱片

小行星带位于火星与木星之间。2003 年 5 月，日本“隼鸟号”小行星探测器发射升空。它在太空飞行七年，对“糸川”小行星进行了探测，并成功取样重返地球。

彗星是太阳系中一个很神秘的天体。2004 年 3 月，欧洲空间局发射了“罗塞塔号”彗星探测器。该探测器成功探测到代号为 67P 的一颗彗星，为人类探索太阳系的起源提供了重要的线索和资料。

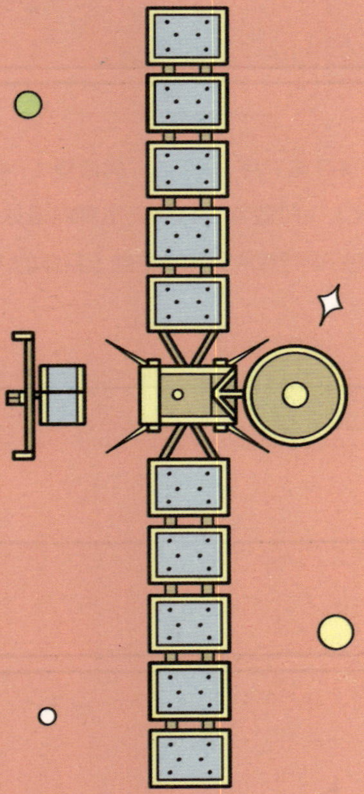

“罗塞塔号”
彗星探测器

1961—1972 年，美国实施的载人月球探测工程——“阿波罗”计划，是世界航天史上具有划时代意义的一项成就。

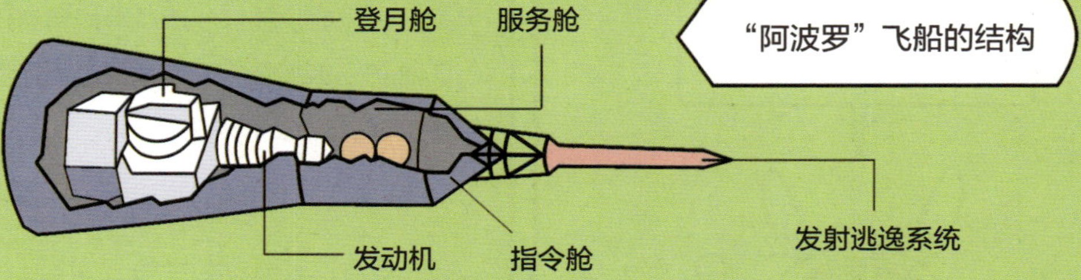

1969 年 7 月，美国的“阿波罗 11 号”载人飞船载着 3 名航天员奔向月球。阿姆斯特朗成为第一个踏上月球的人。

继“阿波罗 11 号”飞船之后，又有 5 艘“阿波罗”飞船陆续登月，总共有 12 位航天员踏上月球。其中，“阿波罗 15 号”飞船首次把一辆月球车送上月球。

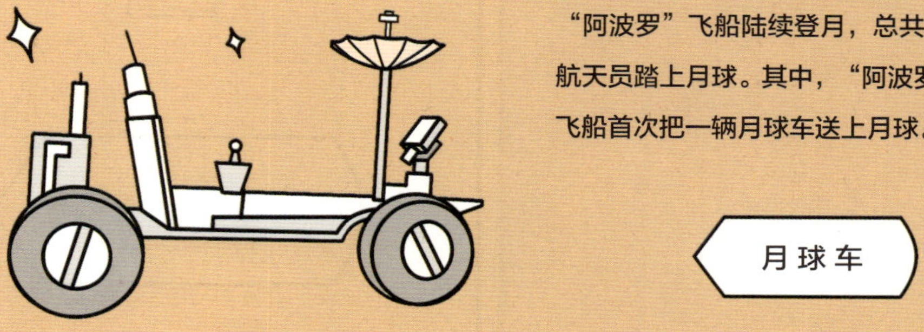

2020 年 11 月，我国的“嫦娥五号”月球探测器发射升空。它由轨道器、返回器、着陆器和上升器四个部分组成。“嫦娥五号”着陆器在月球成功着陆并取到月壤样品，随后返回器携带月壤样品安全返回地球。这使得中国成为继美国和苏联之后，第三个成功取得月球土壤的国家。

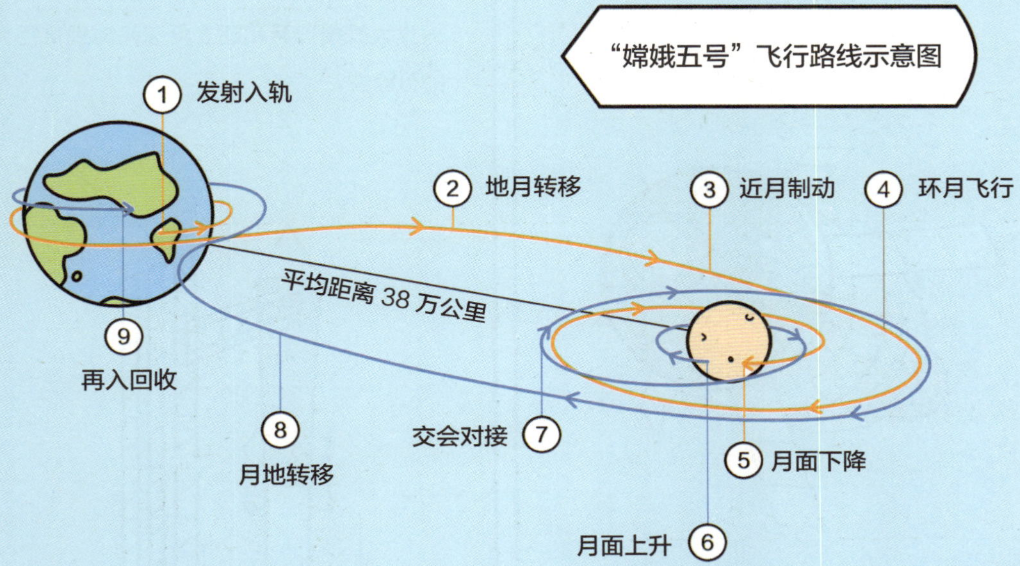

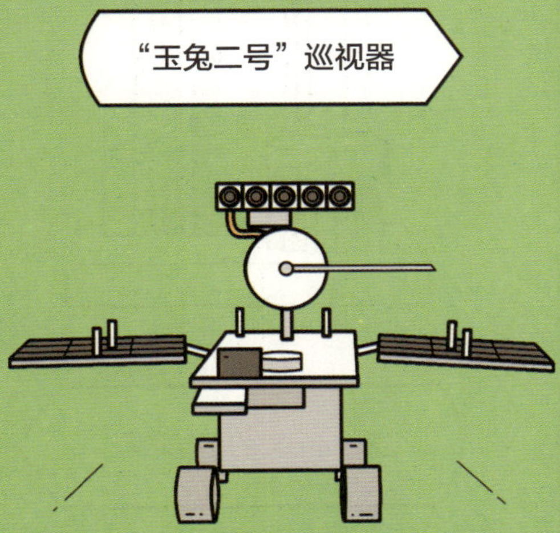

另外，跟随“嫦娥三号”和“嫦娥四号”登陆月球的，还有两辆“玉兔号”巡视器。它们携带着很多先进的探测仪器，是移动的探测平台，帮助科学家们更加深入细致地探测月球。

“嫦娥工程”又叫作中国探月工程。整个探月工程分为三个阶段：无人月球探测、载人登月和建设月球基地。“嫦娥五号”登月后成功取回月壤，标志着无人月球探测阶段的完成，也意味着我国载人登月工程可以正式启动了。我国计划在 2030 年前实现载人登月的目标。

阿尔忒弥斯计划

进入 21 世纪后，全球再次掀起开发月球的热潮。除我国持续推进的“嫦娥工程”，美国和俄罗斯也宣布了重启登月计划，而日本、欧洲和印度等国家也纷纷向月球发射了探测器，对月球进行探测和研究。

美国正在实施名为“阿尔忒弥斯计划”的太空探索计划，目标是在 2024 年前将宇航员平安送往月球并返回，同时建立常态化驻留机制。

另外，私人公司登月是一种新兴的太空探索模式。例如，由私人太空公司 SpaceX 开发的“星舰”项目旨在推动人类前往火星和月球。“星舰”一旦研发成功，将为人类大规模登月和建立月球基地提供巨大的可能性。

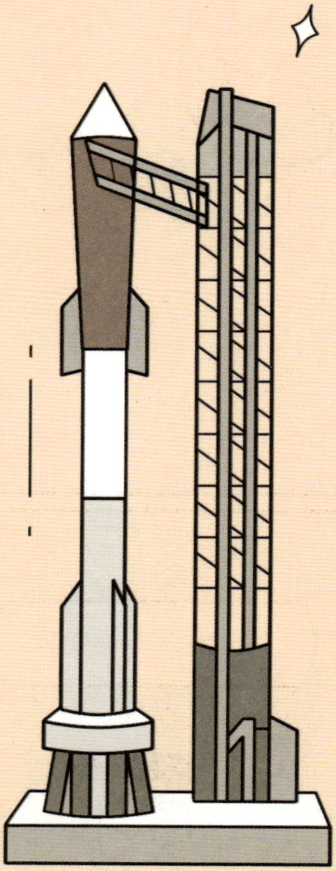

SpaceX 的“星舰”

从已探明的情况来看，月球并不适合人类居住，如缺水、缺乏大气层、温差巨大、辐射超强，且重力仅有地球的 1/6。既然月球的环境如此恶劣，那么人类为什么对它这么感兴趣呢？

首先，月球是距离我们最近的天体，登陆月球是人类星际之旅的第一站。

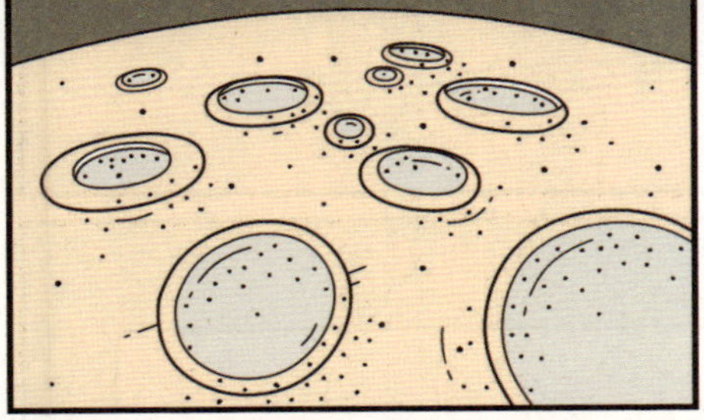

其次，月球没有大气层干扰，特别适合天文观测，而且真空、低重力环境可以实施很多地球上很难完成的科学实验。因此，月球简直是一个永不坠落的空间站。

第三，月球上的矿产资源十分丰富，特别是氦-3 的储量很大。氦-3 是一种清洁、高效的核聚变原料，1 千克氦-3 核聚变后产生的能量，相当于 1.64 亿度电或者 20 000 吨标准煤。

未来月球核电站

未来月球工厂

随着空间站技术的不断发展和完善，它已经为宇航员解决了长期居住和生存方面的问题。因此，利用建设空间站的相关技术来建设月球基地是可行的。然而，随着未来月球居民数量的增长和生活的长期化，就必须解决一些关键问题，比如水的供应、电力的生成、粮食的生产和建筑的安全性等。

月球上拥有足够的水，至关重要。虽然月球南极地区存在水冰资源，但提取这些水冰的难度较大，无法解决就近大量用水的需求。从地球运输水也不现实。怎么办呢？科学家已经提出了一种解决方案：利用月球上丰富的钛铁矿和氢气资源。通过将 10 吨钛铁矿与 0.13 吨氢气相结合，可以生产出 1 吨水。

可以生产电力和粮食的月球基地

为了解决能源问题，我们可以利用太阳能发电，而最有效的办法是直接在月球上建立一座以氦-3为原料的核聚变电站。此外，我们可以在月壤中加入地球上带去的微生物，经过改良后的月壤就可以种植粮食了。

为了防止陨石撞击，月球建筑最好使用月壤或者就地取材制造的水泥来建造厚实的屋顶。

安全的月球建筑

为了应对月球上恶劣的环境，最初的月球居民必须身心足够健康，经过严格的科学训练，具备应对各种危险和挑战的能力。

小朋友，你将来愿意成为月球的建设者，还是月球的游客呢?

时至今日，人类的探测器已经遍访太阳系的八大行星，特别是地球的邻居金星和火星。

科学家们对金星探测的结果感到非常震惊。金星的大气层非常浓厚，大气压是地球标准大气压的 95 倍。在这样的高压下，地球上的任何生物都无法存活，甚至会粉身碎骨。除此之外，金星的地表平均温度高达 460 ℃，比炸薯条的油锅温度还要高出两倍以上。

金星的地表环境如此恶劣，以至于连探测器都无法着陆。因此，科学家们不得不将目光转向距离地球更远的邻居——火星。

金星表面被炙热的火山岩覆盖

火星恰好位于太阳系“宜居带”的边缘，很可能存有生命，甚至有关于“火星人”的传言一度盛行。

“宜居带”是指太阳系中的一片环形轨道区间，在这个区间内，行星能够接收到适量的太阳辐射，从而使行星表面保持适宜的温度范围（0~100 ℃）。这个温度区间恰好是液态水的存在条件。毕竟，液态水才是生命之源。

太阳系的“宜居带”

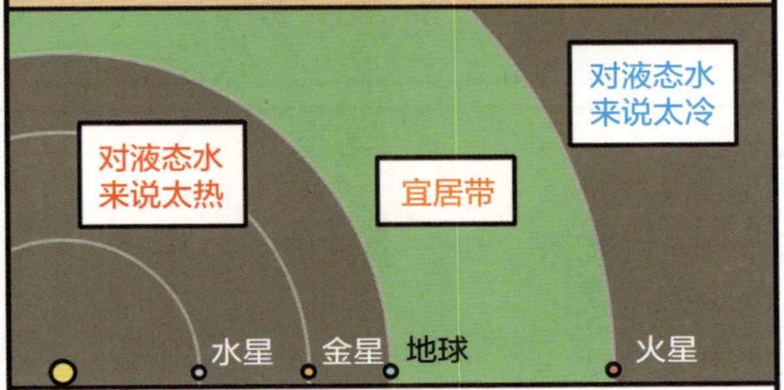

太阳是一个炙热的“大火球”，不断向宇宙释放热量。如果行星的轨道距离太阳过近，其表面温度就会长期超过 100 ℃，导致行星表面的水完全蒸发，没法保存液态水。相反，如果行星轨道距离太阳过远，其表面的水会因长期低于 0 ℃而结冰，同样无法保存液态水。前者位于宜居带的内侧，而后者位于宜居带的外侧。

由于火星独特的轨道位置，科学家们对其产生了极大的兴趣，使得火星成为太阳系中被探测最多的行星。迄今为止，人类已经对火星进行了 40 多次探测，但成功率不足 50%。可见，接近或登陆火星是一件极具挑战性的任务。

进入 21 世纪，火星探测任务的成功率有了显著的提高。

2003 年 6 月，美国发射了“火星探测漫游者号”探测器，其中搭载有“勇气号”火星车。一个月后，“勇气号”的孪生兄弟“机遇号”火星车也成功发射。这两台火星车都采用了独特的气囊缓冲方式，先后成功着陆在火星的表面。

“机遇号”火星车

2011 年 11 月，美国发射了第七个火星探测器——“好奇号”火星车。这次采用了“空中吊车”的方式成功登陆火星。

“空中吊车”登陆火星

2018 年，欧洲航天局的“火星快车号”探测器在火星南极冰盖下首次发现了液态水湖存在的证据。这一发现直接证实了火星曾经存在液态水，这是火星探测的一大突破。

2020 年 7 月，中国“天问一号”火星探测器搭载“祝融号”火星车发射升空，并于 2021 年 5 月成功着陆火星，在火星上首次留下了中国的印迹。

火星与地球的大小比较

经过多次探测，人类对火星是否有了更深入的了解呢?

火星与地球相比：火星的一天大约有 24 小时 39 分钟 35 秒，和地球上的一天差不多，而一年则接近地球上的两年；火星半径大约是地球半径的一半，火星表面的重力约为地球的 1/3；火星大气稀薄，大气压不到地球的 1%，主要成分是二氧化碳；在火星赤道附近，白天温度可达到 20 ℃，但夜里则骤降到 −80 ℃；火星的土壤干燥、沙尘肆虐，水分主要以固态形式与干冰（固态二氧化碳）一起贮存在南北极的冰盖中。

总的来说，火星是一个寒冷、干燥、荒芜的世界。这样的环境可能会让人感到意外，但与月球相比，火星的环境要友好得多。

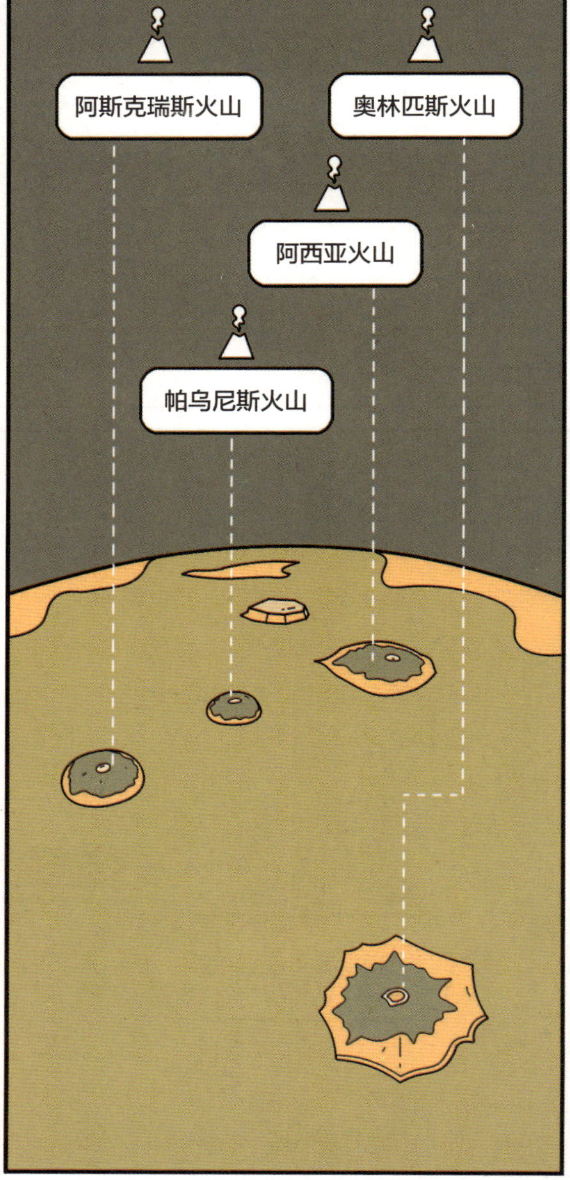

面对这样的火星环境，人类是否有可能对其进行改造并实现移居呢？科学家们已经提出了许多关于“火星地球化”的设想。

接下来，小朋友就跟小宇一道来了解一下这些奇思妙想吧！

“火星地球化”的第一步是提高火星表面的温度。火星大气的主要成分是二氧化碳，而这种气体本身具有温室效应。由于火星大气稀薄，科学家们认为，只要将火星南极的平均气温提高 4 ℃，让冰盖中的干冰释放出更多的二氧化碳，就能启动温室效应。此外，播撒适当的细菌也是产生温室气体的方法之一。当气压达到地球标准大气压的 1/4 时，人们将不再需要穿着太空服了。

第二步是增加火星大气中的氧气含量。当温度和气压适宜的条件下，火星表面就会有液态水，然后引入特定的细菌以改良火星土壤，再引入适合生长的绿色植物，持续地制造氧气。

随着气温和气压的升高，火星两极的冰盖将加速融化，更多的水将从地下释放出来，湖泊和海洋面积也将不断扩大。

水对太阳光中的红光和黄光有较强的吸收能力，同时散射出蓝光。因此，未来我们从太空看火星，这个红色星球可能会呈现出充满生机的蓝色。

不过，“火星地球化”是一个漫长的过程。早期定居火星的人们，可能会像电影《火星救援》中的主人公一样生活。他们居住在穹顶下的火星城市中，利用火星工厂生产温室气体和生活必需品，在温室农场种植农作物……

近年来，有人提出了一个大胆的设想：在 2060 年将人类送上火星。火星移民计划果真能够实现吗？

想象中的火星生活

超级病毒

根据目前的探测结果，除地球，太阳系的其他天体都不存在生命，甚至可能没有一个微生物。即便如此，人类还是应该继续深入太阳系，甚至穿越银河系，找寻适合人类定居的其他生存空间。

永远住在地球上不好吗，为什么要舍近求远呢？

短期来看，人类已经具备了自我毁灭的可能性，比如，核战争、环境污染、超级病毒等。

长期来看，地球可能会再次遭遇小行星的撞击，正如导致恐龙灭绝的那次撞击一样。如果再来一次，人类能够幸免吗？此外，假如真的有地外文明（外星人）入侵地球，人类是否能够逃脱还是未知的问题。

此外，开发几处地外“新大陆”方便人们进行星际旅行和探索，不也是一件很美妙的事情吗？

除月球和火星，太阳系中还有哪些具有移居潜力的地方呢?

在火星轨道之外，穿过小行星带，我们便来到了木星的“势力范围”。木星是太阳系中最大的行星，由气体和液体构成，表面绚丽夺目，尤其是那个醒目的“大红斑”，足以同时容纳三个地球!

小行星带之外的木星

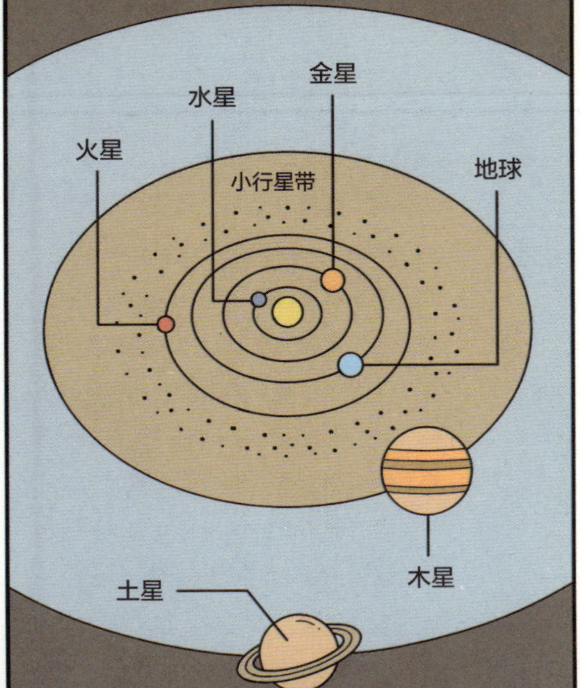

木星拥有众多卫星，总数可能超过 79 颗。其中，木卫二是较大的一颗，也被称为“欧罗巴”。尽管它的表面被冰层覆盖，但冰层之下可能存在着一个未知的海洋。这一发现意味着木卫二很可能存在液态水，这无疑是一个极为重要的发现。因此，继火星之后，人类或许可以在木卫二上找到新的居住地。

木卫二的大概结构

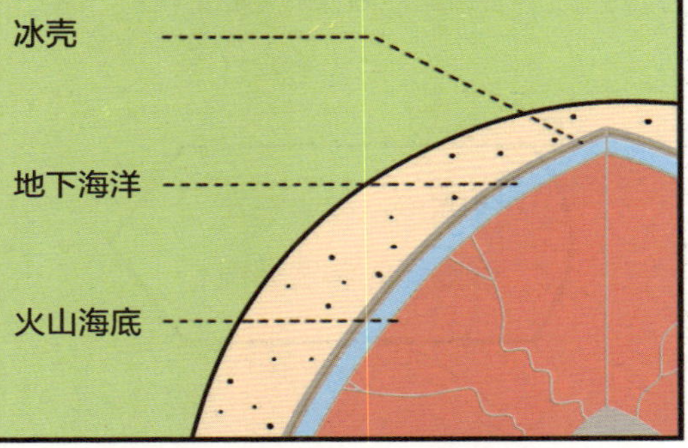

越过木星，迎接我们的就是土星。土星也是一个气液态行星，其“腰部”环绕着一圈引人注目的环带，由无数石块、冰块和气体组成。土卫六是土星最大的卫星，又被称为“泰坦星”，也是太阳系中唯一一个拥有浓厚大气层的卫星。在这颗橙色星球上，97% 的大气成分是氮气，大气压约是地球大气压的 1.5 倍。如果人们能够来到泰坦星生活，或许就不需要穿着笨重的太空服了。

土卫六

根据人类目前的科学水平及现有的飞行能力来看，飞往月球大约需要一周，飞往火星大约需要半年多，飞往木星和土星则需要更久。比如，卡西尼－惠更斯号探测器，在经历了长达 6 年 8 个月的漫长旅程后，于 2004 年顺利进入土星轨道。因此，如果人们想要前往木卫二和土卫六“串门儿”，就必须乘坐更快的交通工具。

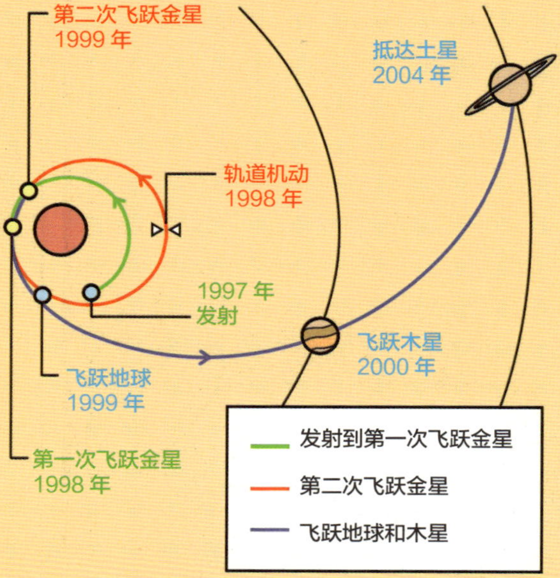

卡西尼—惠更斯号探测器的漫漫航程

目前的火箭燃料既不够轻便也无法持久提供动力，因此无法满足长途星际旅行的需求。科学家们认为，未来的宇宙飞船要具备轻便且持久续航的能力，使用离子推进器可能是最佳的选择。离子推进器的工作原理就是通过将中性气体（氢、氦等）电离成等离子，然后利用电磁场对等离子进行加热和加速，最后从引擎喷口高速喷出，为飞船提供动力。然而，在星际旅行中，离子推进器需要持续的电力供应。因此，可控核聚变技术的突破将是实现其应用的关键。

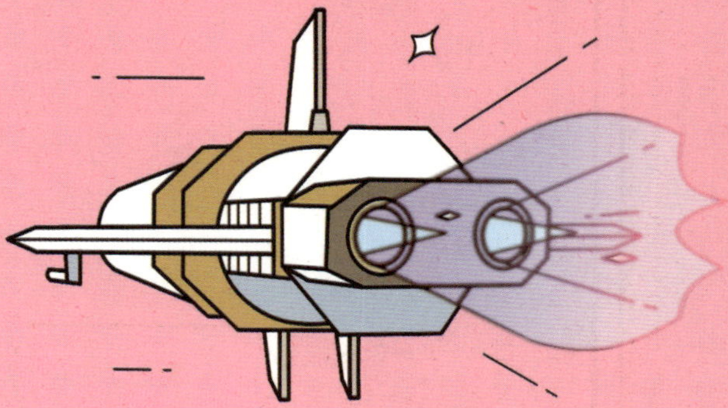

等离子动力飞船示意图

电影《星际穿越》
中的星际飞船

假设在未来的某一天，我们能够以相当于地球重力（1 g）的加速度持续加速我们乘坐的宇宙飞船，并在途中以相同的加速度进行减速直至到达星际旅行的终点。那么，我们将只需要 1 天就能够抵达火星，1 年就能接近太阳系的边缘，几年后就能到达最近的恒星。然而，此时的速度已接近光速，人类恐怕要在千年之后才有能力建造出这样的“亚光速”星际飞船。

不过，小朋友，你们这一代，很有可能会踏上月球和火星的“新家园”。

再过几代人，也许才有可能在木星和土星的卫星上建立据点。

人类登陆土卫六想象图

去往太阳系的边缘奥尔特云，还需要等待更长的时间。然而，奥尔特云有 1 万亿颗可以成为彗星的彗核，在那里人类也许可以大有作为——获取人们赖以生存的水、氧气以及作为核燃料的氢等。

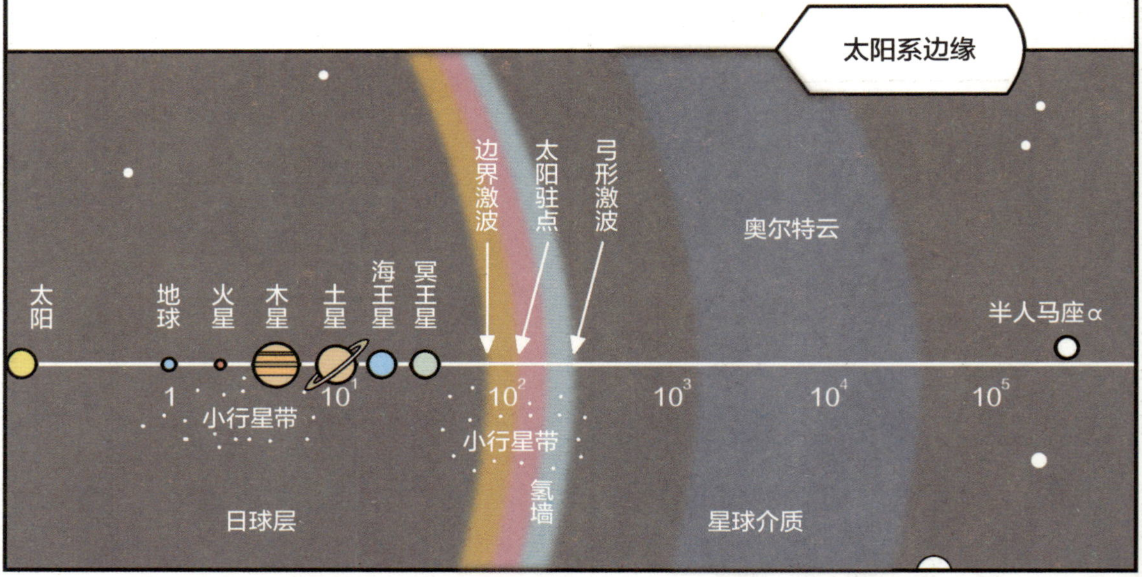

银河系就像一个巨大的圆盘，有超过 1 000 亿颗像太阳一样的恒星。其中，适合人类居住的行星大约有 3 亿颗，但是它们之间的距离非常遥远。即使以光速穿过银河系的直径，也需要花费 10 万年的时间！

等到飞船可以飞出太阳系，进入临近星系时，一同前往的或许不再是今天的人类。岁月的流逝，以及先进的基因工程可能已经改变了我们的种族……